EJEMPLOS DE PRESUPUESTO

PIPING

Gustavo Cinca

Cálculo de Horas Hombre para el Montaje de Cañerías de Proceso en Acero al Carbono con Ejemplos

Primera edición, julio de 2018.
Segunda edición (revisada y ampliada), agosto de 2026

Publicado por:
Gustavo Cinca

RECURSO DIGITAL COMPLEMENTARIO PARA LECTORES

PIPING MAN HOURS TOOL (PMHT)

Aplicación Web y Móvil de Estimación Multinorma (ASME B31.3 · DIN/EN · GB/CN)

Estimado Lector,

Para complementar las fórmulas, tablas de rendimiento y metodologías de productividad laboral presentadas en este libro, el autor **Gustavo Cinca** brinda acceso directo a la aplicación oficial **Piping Man Hours Tool (PMHT)**. Esta aplicación de ingeniería móvil y basada en la nube calcula horas-hombre directas, incorporando multiplicadores de campo y correcciones ambientales según los parámetros seleccionados. Cumple con los estándares internacionales de cañerías((**ASME B31.3, europea DIN/EN y china GB/CN) y funciona sin problemas en cualquier dispositivo (PC, Mac, iPad, iPhone y Android)**

CÓMO ACCEDER Y UTILIZAR LA APLICACIÓN COMPLEMENTARIA

Pasos para activar su acceso de lector:

1. Escanee el código QR o ingrese a: `https://calculatemanhours.com/activate/`
2. Ingrese su correo electrónico para recibir su licencia autorizada de lector.
3. Abra la aplicación directamente en su navegador o instálela como PWA: `https://calculatemanhours.com/pmht-tool/`

Escanear para Acceso Inmediato

Cobertura Multinorma y Factores de Productividad:

- ASME NPS 1/2"–24" • DIN/EN (DN 15–600 / PN) • GB/CN (DN / MPa)
- Importador MTO Excel • Pesos Acero y Agua • Grado de Prefabricación
- Congestión / Brownfield • Altura de Trabajo • Clima Extremo

RECURSOS ADICIONALES Y ACTUALIZACIONES PERMANENTES

Al activar su cuenta, los lectores acceden a actualizaciones permanentes de bases de datos internacionales (ASME · DIN/EN · GB/CN), importación directa de planillas MTO y reportes ejecutivos en PDF/Excel

Portal de Activación de Lectores:

`https://calculatemanhours.com/activate/`

Consultas Técnicas y Soporte: `support@calculatemanhours.com`

`https://calculatemanhours.com`

Índice general

Prólogo

Un presupuesto confiable del consumo de horas-hombre para la ejecución de un proyecto es una necesidad crucial para el funcionamiento sin sobresaltos de cualquier empresa. Este documento ofrece un instrumento confiable para estimar horas-hombre con precisión en la industria de la construcción, centrándose en el montaje de cañerías aéreas de acero al carbono diseñadas según la norma ASME B31.3.

La Importancia de una Estimación Precisa

Cuando una empresa resulta adjudicataria de un contrato con una oferta demasiado baja, la alegría inicial se transforma rápidamente en pánico ante los problemas financieros inminentes. Según la magnitud del desvío, la ejecución del proyecto se verá perjudicada en mayor o menor medida.

En el mejor de los casos, se sufrirán retrasos sobre lo programado; en el peor, se puede llegar a la quiebra de la empresa. En ambas situaciones, se perjudica también al cliente y se pierde una valiosa reputación en el mercado.

Por otro lado, equivocarse ofertando un precio demasiado alto, alejado de los valores de la competencia, descalifica al proponente del concurso y afecta negativamente la relación comercial con el contratante.

En definitiva, representa una oportunidad de negocio perdida que reduce la facturación y eleva los gastos generales del oferente.

Objetivo de la Publicación

Cotizar con certeza es decisivo para poder ejecutar un contrato de manera lucrativa. La finalidad de esta publicación es ofrecerle a iniciados, contratistas, presupuestistas, controladores de proyectos y accionistas un instrumento confiable para usar en la decisiva tarea de estimar horas-hombre con precisión.

Capítulo 1

Introducción

1.1. Consideraciones Generales

Este libro presenta un procedimiento de cálculo para estimar la mano de obra directa requerida para el montaje de líneas de cañerías de proceso sobre el nivel del piso, incluyendo los soportes de transmisión de carga y su protección anticorrosiva. El lector encontrará una extensa base de datos sobre el consumo de horas-hombre para ejecutar las diversas actividades de obra, registros que han sido corroborados en campo por el autor y que son indispensables para elaborar presupuestos precisos.

El proceso de medición del consumo de horas-hombre necesarias para realizar una tarea requiere, primero, delimitar las condiciones bajo las cuales dicha tarea se cumple. La estandarización de estas condiciones asegura que la medición sea objetiva y repetible. A este conjunto de criterios se le denomina **Condiciones Estándar**.

1.2. Condición Estándar de Medición

Los rendimientos de horas-hombre (Hs-h) por unión detallados en este manual aplican específicamente al **proceso de soldadura por arco manual con electrodo revestido (SMAW)**. Estos valores de referencia se basan en las 14 condiciones estándar de trabajo que se describen a continuación:

Emplazamiento La obra se ejecuta en un sitio aislado, de forma independiente a cualquier planta en funcionamiento.

Cuadrilla Típica El rendimiento indicado corresponde a una cuadrilla compuesta por dos oficiales y un ayudante. La calificación del soldador dependerá del tipo de unión.

Clima Las tareas se realizan en un clima moderado, con temperaturas medias entre 5 °C y 30 °C, y vientos inferiores a 30 km/h.

Contaminación El área de trabajo está libre de contaminación ambiental.

Horario Los trabajos se ejecutan en horario diurno.

Terreno La obra se desarrolla en un lugar de suelo nivelado y seco.

Altura de Trabajo La altura máxima del plano de trabajo no supera los 1.50 metros sobre el nivel del suelo.

Espacio Libre En lugares techados, la altura libre mínima es de 2.60 metros.

Transporte de Materiales La distancia máxima desde el área de almacenamiento hasta el sitio de montaje es de 300 metros.

Acceso de Personal La puerta de ingreso de los operarios está a 200 metros o menos del área de trabajo.

Ingeniería y Suministros Los entregables de ingeniería y los materiales se reciben puntualmente, de acuerdo con la programación del proyecto.

Personal Las tareas se ejecutan con personal de campo debidamente capacitado.

Equipamiento Se dispone de equipos de construcción y herramientas adecuadas para cada actividad.

Altitud El sitio de trabajo se encuentra a una altura sobre el nivel del mar que no exige un esfuerzo físico adicional a los operarios.

1.3. Alcance y Exclusiones

El cálculo de horas-hombre presentado en las tablas no incluye los siguientes conceptos:

- Montaje y retiro de andamios.
- Horas de reproceso por errores de diseño o fabricación.
- Mano de obra para el ajuste inicial o repaso del tensado en pernos de uniones bridadas.
- Fabricación de accesorios especiales (fittings).
- Instalación de aislamiento térmico en cañerías.

Capítulo 2

Estimación de Horas Hombre para Soportes de Piping

Los soportes son los elementos que transfieren las cargas de una línea de cañerías a una estructura de apoyo o a un equipo, según lo regulado por estándares como ASME B31.3 y MSS SP-58.

Para efectos de este manual, el término soporte, incluye únicamente al material soldado la cañería; de lo contrario, sería imposible establecer un modelo general. La ubicación y las características de los soportes dependen de múltiples factores:

- Diámetro y espesor de la cañería.
- Densidad y temperatura del fluido.
- Configuración y trazado de la línea.
- Presencia de cargas concentradas (válvulas, medidores, etc.).
- Tipo de estructura de sostén disponible (sleepers, pórticos, bases, etc.).
- Presencia de aislamiento térmico.

Dado que el presupuestista generalmente no dispone de la ingeniería de detalle de los soportes durante la etapa de licitación, es necesario utilizar un método de estimación para cuantificarla.

2.1. Método de Estimación para Soportes

La Tabla 8.1 proporciona rendimientos de mano de obra para tuberías rectas y simples. Para poder usarla en un tramo real, que incluye accesorios, válvulas y bridas, primero debemos convertir su complejidad en una **"longitud equivalente"**. Este artificio de cálculo nos permite estandarizar la estimación.

El proceso consiste en tres pasos sencillos:

1. **Calcular el Peso Total.** El primer paso es sumar los pesos individuales de todos los componentes del tramo (tuberías, codos, bridas, válvulas, etc.) para obtener la masa total del sistema.

2. **Determinar la Longitud Equivalente.** A continuación, se divide el peso total (calculado en el Paso 1) por el peso unitario (en kg/m) del diámetro de tubería principal del tramo. El resultado es una longitud teórica que representa el tramo completo como si fuera una única tubería recta.

3. **Estimar las Horas-Hombre (Hs-h).** Finalmente, con el diámetro principal y la longitud equivalente (Paso 2), se ingresa a la Tabla 8.1. De allí se obtiene un ratio (Hs-h/m), que al multiplicarlo por la longitud equivalente, da como resultado las horas-hombre totales para el tramo.

2.2. Alcance del Cálculo de Soportes

- Las horas-hombre para fabricación y montaje de soportes incluidas en las tablas contemplan solo aquellos elementos vinculados directamente a la tubería (Chapas de desgaste, orejetas, patines, etc.), con la excepción de los anclajes o puntos fijos.

- La limpieza y pintura de estos elementos se calcula según la metodología de la Sección 10.2 y Tabla 10.2 de este manual.

- No se incluyen elementos estructurales como varillas de suspensión, soportes elásticos, ni las grandes estructuras de sostén (pipe racks, parrales, etc.).

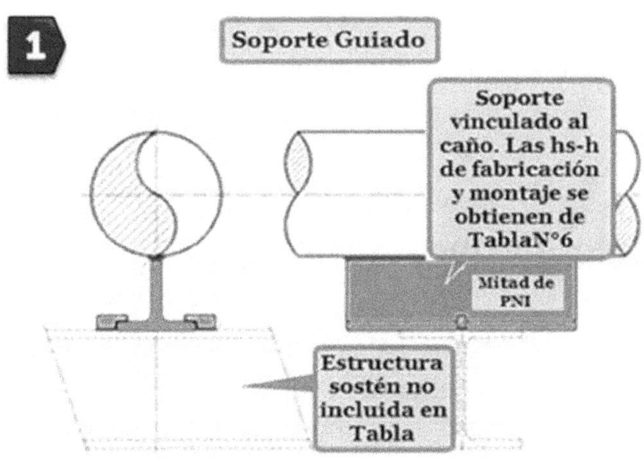

Figura 2.1: Ejemplo de soporte con patin.

Figura 2.2: Ejemplo de soporte vinculado tipo trunnion.

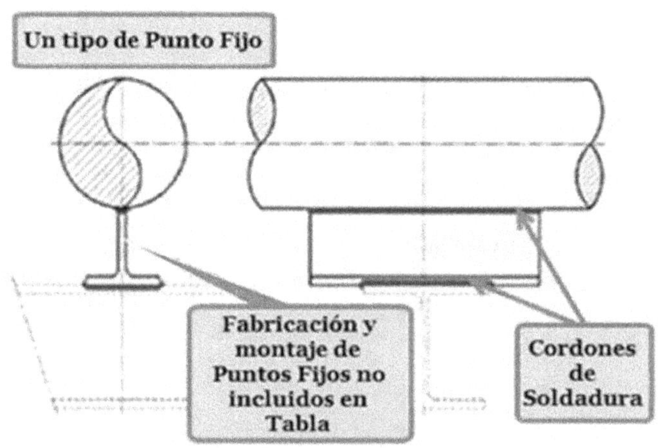

Figura 2.3: Ejemplo de anclaje de punto fijo. Este tipo de soporte, por su complejidad variable, no está contemplado en las tablas de estimación de este manual.

2.3. Método de Cálculo para Soportes

A continuación, se detalla el método de cálculo para estimar las horas-hombre requeridas en la fabricación y montaje de soportes vinculados a la tubería. Este procedimiento, cuyos resultados se ajustan a la realidad y han sido verificados en campo, utiliza un modelo de **caño ficticio equivalente** para estandarizar la estimación.

El método es válido únicamente para los materiales de soporte en contacto directo con la tubería. La Tabla 8.1 de este manual tabula las horas-hombre consumidas para prefabricar y montar soportes, presentadas por metro de cañería en función de su diámetro y espesor.

El Proceso en Tres Pasos

Para utilizar la Tabla 8.1, primero es necesario convertir el tramo de piping real en un **caño ficticio equivalente**. El proceso es el siguiente:

- **Paso 1:** Calcular el peso total del tramo de piping. Se deben sumar los pesos de todos los componentes del tramo (tuberías, accesorios, bridas, etc.).
- **Paso 2:** Determinar la longitud del caño ficticio equivalente. Se divide el peso total (calculado en el Paso 1) por el peso unitario (kg/m) del **caño representativo** de dicho tramo.
- **Paso 3:** Calcular las horas-hombre totales. Con el diámetro y la longitud del caño ficticio, se consulta la Tabla 8.1 (Capítulo 9) de este libro, para obtener el ratio de horas-hombre por metro (Hs-h/m). Este ratio se multiplica por la longitud equivalente para obtener el total de horas.

2.4. Ejemplo de Aplicación Práctica

A continuación, se aplica el proceso de tres pasos para el cálculo de los soportes para un colector de NPS 6" hasta la brida Slip-On de NPS 3. Esto se muestra en la siguiente figura:

2.4.1. Paso 1: Calcular el peso total del tramo de piping

En este paso calculamos el peso total del tramo de cañería de succión de la bomba que va desde el colector de NPS 6" hasta la brida Slip-On de NPS 3" (de la figura anterior). Los resultados se muestran en la Tabla 2.1.

2.4.2. Paso 2: Determinar la longitud del caño ficticio equivalente

El caño representativo del tramo de succión, es NPS 4" SCH 40, cuyo peso unitario es de 16,06 kg/m. Se divide el peso total del tramo por el peso unitario del caño representativo y tenemos:

$$\frac{163,50\,\mathsf{Kg}}{16,06\,\frac{\mathsf{Kg}}{\mathsf{m}}} = 10,18\,\mathsf{m}$$

La longitud equivalente, para este caso, es de 10,18 metros de un caño ficticio de NPS 4" SCH 40.

Tabla 2.1: Cómputo de Materiales y Pesos del Tramo de Succión

Material	Cantidad	Peso Unitario (kg)	Peso Total (kg)
Reducción excéntrica de 4"x 3"	1,00	1,59	1,59
Te con reducción de 6"x 4"	1,00	15,00	15,00
Brida SO NPS 4"S 150#	2,00	5,44	10,88
Brida SO NPS 3"S 150#	1,00	4,08	4,08
Válvula esclusa NPS 4"S 150#	1,00	64,00	64,00
Filtro NPS 4"S 150#	1,00	40,00	40,00
Codo RL 90° NPS 4"	1,00	3,86	3,86
Caño NPS 4"SCH 40	1,50	16,06	24,09
		Total General	**163,50**

2.4.3. Paso 3: Cálculo de las horas-hombre necesarias

Imagen de un sector de la Tabla que se muestra completa en el Capítulo 9 de este libro:

Tabla 9.1: Tabla de horas-hombre para soportes de tuberías

NPS	Peso del Caño en Kg/m		Espacio entre soportes en metros	Peso de soportes en Kg/m		Prefabricación de soportes (Hs-h/m)		Montaje de soportes (Hs-h/m)	
	SCH 40	SCH 80		para caño SCH 40	para caño SCH 80	para caños SCH 40	para caños SCH 80	en caños SCH 40	en caños SCH 80
1"	2,50	3,25	2,14	0,50	0,65	0,50	0,65	0,10	0,13
1 1/2"	4,04	5,40	2,75	0,80	1,00	0,60	0,80	0,10	0,15
2"	5,44	7,47	3,05	1,00	1,35	0,70	0,90	0,20	0,22
2 1/2"	8,50	11,50	3,35	1,30	1,70	0,75	1,00	0,20	0,26
3"	11,30	15,25	3,65	1,50	2,00	0,80	1,10	0,20	0,29
4"	16,06	22,29	4,30	2,00	2,70	0,90	1,20	0,27	0,36
6"	28,30	42,51	5,20	3,00	4,70	1,20	1,80	0,40	0,60
8"	33,30	-	5,80	4,00	-	1,50	-	0,50	-

Figura 2.4: Descripción o título de la figura.

Según la Tabla, los valores son:

- Prefabricado: 0,90 Hs-h/m
- Montaje: 0,27 Hs-h/m

Se suman ambos valores para obtener el ratio total:

El total es 0,9 + 0,27 = 1,17 horas por metro de caño.

Finalmente, se multiplica el ratio total por la longitud equivalente para obtener el consumo total de horas-hombre para fabricar y montar los soportes de este tramo:

Consumo total = 1,17 Hs-h/m × 10,18 m = 11,91 horas-hombre.

2.4.4. Consideraciones sobre este Resultado

- **Alcance:** El valor obtenido (11,91 Hs-h) aplica exclusivamente a los soportes vinculados directamente al caño (orejetas, trunnions, patines, chapas de desgaste, etc.).
- **Exclusiones:** Este cálculo no incluye la protección anticorrosiva de los soportes ni las horas-hombre por ajustes en el rendimiento.

2.4.5. Rendimiento

Los datos de la Tabla corresponden a un rendimiento estándar, bajo las condiciones definidas en la Etapa nro.1 del capítulo anterior.

Cada proyecto es único y los factores externos pueden influir en el rendimiento real de la mano de obra.

2.5. Cálculo de Hs-h para el Recubrimiento Anticorrosivo de los Soportes

Para estimar las horas-hombre requeridas para el tratamiento anticorrosivo de los soportes, es necesario primero calcular su superficie total. A diferencia de las tuberías, esta área se determina de forma indirecta a partir del peso total de la soportería.

2.5.1. Cálculo del Peso Total de Soportes

El cálculo parte de dos datos: la **longitud equivalente** del sistema (10,18 m) y el **peso de soportes por metro** para la tubería de referencia (NPS 4" SCH 40), que según la Tabla 9,1 es de 2 kg/m.

Multiplicando ambos valores, se obtiene el peso total:

$$10.18\,\text{m} \times 2\,\frac{\text{kg}}{\text{m}} = 20,36\,\text{kg} \approx 0,0204\,\text{toneladas}$$

2.5.2. Cálculo de la Superficie a Pintar

Finalmente, este peso se convierte a superficie utilizando el **coeficiente de área/peso** para estructuras livianas (35 m^2/tonelada).

$$0.0204\,\text{ton} \times 35\,\frac{\text{m}^2}{\text{ton}} = \mathbf{0,714}\,\text{m}^2$$

2.5.3. Cálculo de horas-hombre:

Para una superficie pequeña de 0,714 m^2, se optó por métodos manuales de preparación y pintura, totalizando 2,64 horas-hombre. Se utilizó cepillado mecánico (1,50 Hs-h/m^2) y pintura a pincel (2,20 Hs-h/m^2).

Esta elección se justifica por ser más eficiente y rentable a pequeña escala en comparación con métodos industriales. El arenado y la pintura con equipos airless se descartaron debido a sus altos costos de preparación y al desperdicio de material en trabajos menores.

Los rendimientos para lotes de mayor tamaño, donde sí se justifican los métodos industriales, se tratan en el Capítulo 14.

2.6. Estimación del Área para Recubrimiento Anticorrosivo en Tuberías

Calcular la superficie exacta de cada accesorio (codos, tes, reducciones) es un proceso complejo y poco práctico para una estimación. Por ello, se utiliza un método de **longitud de cálculo equivalente** que simplifica el proceso sin sacrificar la precisión necesaria. Este enfoque, ampliamente aceptado en la industria, agiliza notablemente el trabajo al convertir la complejidad geométrica de los accesorios en una longitud de tubería adicional.

Exclusiones Importantes. Este cálculo no incluye componentes como válvulas, filtros o medidores, ya que estos equipos suelen ser suministrados por el fabricante con su esquema de pintura final ya aplicado.

2.6.1. Método de Cálculo del Área

El proceso se divide en dos etapas claras:

Procedimiento de Estimación de Área de Pintura en Tuberías

Paso 1: Determinar la Longitud de Cálculo

La longitud de cálculo se obtiene sumando a la longitud real del tramo de tubería (L) una longitud equivalente (L_e) por cada accesorio presente en dicho tramo.

> Los valores de L_e para cada tipo de accesorio se encuentran en:
>
> **Capítulo 10, Tabla 10.3:** *Longitudes equivalentes de accesorios para la estimación de pintura y limpieza.*

Para cada accesorio (codos, tees, reducciones, etc.) que deba pintarse, la longitud equivalente L_e representa la superficie del accesorio como si fuera un tramo equivalente de tubería recta del mismo diámetro nominal.

La longitud de cálculo total se expresa como:

$$L_{\text{cálculo}} = L_{\text{real}} + (N_{\text{acc}} \times L_e) \tag{2.1}$$

donde:

- L_{real}: longitud real del tramo de tubería *(m)*
- N_{acc}: número de accesorios en el tramo
- L_e: longitud equivalente por accesorio según Tabla 10.3 *(m)*

Paso 2: Calcular el Área Total a Pintar

Una vez obtenida la longitud de cálculo, se multiplica por la **superficie específica exterior unitaria** de la tubería (S_u, expresada en m²/m), valor que depende del diámetro nominal y se obtiene de manuales de ingeniería estándar.

$$A_{\text{pintura}} = L_{\text{cálculo}} \times S_u \tag{2.2}$$

donde:

- A_{pintura}: área total a pintar *(m²)*
- $L_{\text{cálculo}}$: longitud de cálculo total *(m)*
- S_u: superficie exterior unitaria de la tubería *(m²/m)*

El área obtenida mediante este procedimiento constituye la base técnica para:

- La **adquisición de recubrimientos** y materiales de limpieza.
- La **presupuestación de mano de obra** de pintura.
- El **control de costos y plazos** en la gestión del proyecto.

2.9. Análisis de Variables del Proyecto

A continuación, se describen algunas de las variables más comunes que afectan el rendimiento. En todos los casos, tras evaluar las respuestas a las preguntas clave, se pondera la incidencia de cada variable y se le asigna una calificación de rendimiento: Muy Bajo, Bajo, Estándar o Excelente.

2.9.1. Experiencia del Contratista

Mide el grado de experiencia del proponente y su equipo en la ejecución y supervisión de proyectos similares.

Preguntas Clave:

- ¿Ha ejecutado la empresa proyectos de este tipo y tamaño? ¿Con qué frecuencia?
- ¿Cuál es la experiencia del equipo de supervisión propuesto para este tipo de trabajo?
- ¿Tiene la empresa disponibilidad de personal de campo calificado y con experiencia probada?

2.9.2. Calidad de la Información de la Oferta

Mide el grado de precisión de la documentación disponible para elaborar el presupuesto.

Preguntas Clave:

- ¿La calidad de la ingeniería preliminar es suficiente para cotizar con un nivel de riesgo aceptable?
- ¿Se realizó una visita a obra con personal experimentado?
- ¿Se revisaron y documentaron durante la visita todos los aspectos que pueden influir en el rendimiento (accesos, interferencias, servicios, etc.)?

2.9.3. Entorno Laboral y Sindical

Analiza la complejidad y las restricciones del entorno normativo y sindical que rigen en la zona del proyecto, y su posible impacto en la ejecución de la obra.

Preguntas Clave:

- ¿Cuál será el cronograma de trabajo? ¿Se contemplan turnos nocturnos, cuyo rendimiento suele ser inferior al diurno?
- ¿Cuál es el historial de comportamiento del sindicato local en proyectos anteriores?
- ¿Qué requisitos de contratación establece el convenio colectivo (como la obligación de utilizar bolsas de trabajo locales) y cómo podría esto influir en la productividad?

2.9.4. Condiciones del Sitio y Accesos

Evalúa las características físicas del terreno y la facilidad de acceso tanto para el personal como para los materiales y equipos.

Preguntas Clave:

- ¿Cuál es la condición del suelo en el sitio? ¿Es bajo y propenso a inundaciones, o es un terreno alto y seco?
- ¿La distancia y el estado de los caminos de acceso dificultarán el traslado diario del personal y la logística de materiales?
- ¿Existen limitaciones de acceso o circulación dentro de la propia obra?

2.9.5. Condiciones Climáticas

Analiza el impacto del clima habitual en la zona del proyecto sobre la productividad de los trabajos a la intemperie.

Preguntas Clave:

- ¿Cuál es el patrón climático histórico del área durante el período de ejecución del proyecto?
- ¿Coincide con temporadas de alta probabilidad de lluvia, viento, nieve o temperaturas extremas?
- ¿El clima local, significativamente diferente al que el personal está acostumbrado, puede afectar su aclimatación y rendimiento?

2.9.6. Trabajos en Altura

Contexto Importante: Los valores de horas-hombre de las tablas corresponden a tareas realizadas en planos de trabajo que no superan 1,50 metros de altura sobre el suelo. Cualquier trabajo por encima de esta cota requiere un ajuste.

Preguntas Clave:

- ¿Qué porcentaje de los trabajos se ejecutará por encima de la altura estándar de 1,50 m?
- ¿El uso extensivo de andamios ralentizará significativamente el movimiento del personal, el manejo de materiales y el acceso de equipos al punto de trabajo?
- ¿Se deben considerar tiempos adicionales o logísticas especiales que no están incluidas en las horas estándar de montaje?

2.10. Otros Factores de Corrección Clave

Corrección por Localización Geográfica

- **Logística crítica:** Retrasos y riesgo de daños en el suministro de materiales especializados (válvulas, consumibles de soldadura) y dependencia de fletes de alta complejidad.

- **Déficit de talento local:** Necesidad de importar mano de obra calificada (ej. soldadores certificados 6G), lo que eleva el ausentismo y prolonga las curvas de aprendizaje.
- **Infraestructura deficiente:** Dependencia continua de grupos electrógenos, fallas frecuentes en telecomunicaciones y servicios médicos de emergencia limitados en el sitio.
- **Desgaste por campamento:** Caída notable de la productividad hacia el final de los ciclos rotativos (14×7, 21×7) provocada por fatiga acumulada y expectativa de días de descanso.
- **Entorno hostil:** Condiciones fisiológicas y climáticas extremas (hipoxia por altitud, calor severo o humedad tropical) que comprometen la salud del personal, el rendimiento de los equipos y la integridad de los materiales.

Corrección por Emplazamiento (Brownfield vs. Greenfield)

Este factor distingue entre las obras ejecutadas en sitios nuevos y sin interferencias (*greenfield*) y aquellas que se realizan dentro de los límites de una planta industrial en plena operación (*brownfield*). Intervenir en un entorno *brownfield* reduce drásticamente el rendimiento real de la mano de obra, ya que gran parte de la jornada laboral se consume en Tiempos No Productivos (TNP), tales como:

- **Gestión de permisos:** Tiempos de espera por la confección, pruebas de gases y autorización de permisos de trabajo en caliente (*PTW*), además de la coordinación obligatoria con el personal de operaciones.
- **Restricciones de seguridad y logística:** Cumplimiento estricto de protocolos de seguridad (*LOTO*, espacios confinados, hábitats presurizados), lo que impone un ritmo de trabajo intrínsecamente más lento y una logística de movimiento altamente restringida.
- **Complejidad técnica:** Ejecución de maniobras delicadas y de alto riesgo, como los empalmes e interconexiones (*tie-ins*) a sistemas presurizados o en servicio.

Todo lo anterior introduce un nivel de riesgo, supervisión y restricción operativa que no existe en un proyecto aislado de tipo *greenfield*.

Experiencia del Autor

En trabajos de montaje de *piping* realizados dentro de refinerías en marcha (en áreas clasificadas con riesgo de incendio o explosión), el consumo real de horas-hombre superó en un $25\,\%$ a los valores estándar de catálogo.
En contraste, en obras ejecutadas para la misma refinería pero ubicadas en predios aislados y despejados (*greenfield*), el desvío fue de tan solo un $3\,\%$ a $5\,\%$ sobre el rendimiento base.

2.10.1. Corrección por Tipo de Material y WPS

Los valores HET aplican a aceros al carbono estándar (p. ej., ASTM A53). Si se utilizan otros materiales (aceros aleados, inoxidables) o si la Especificación de Procedimiento de Soldadura (WPS) define parámetros más exigentes, las HET deben ajustarse con un factor de conversión (k).

2.10.2. Corrección por Estrategia de Prefabricado

En proyectos industriales como refinerías o plantas químicas, el montaje de cañerías (piping) es una de las disciplinas más importantes.

La estrategia más eficaz para reducir costos, asegurar la calidad y cumplir con los plazos es la prefabricación de cañerías.

Principio Fundamental: Todo lo que se fabrica en un taller es más económico y de superior calidad que lo que se hace en el sitio de obra.

El éxito de un proyecto depende en gran medida de la cantidad y calidad del prefabricado.

Esta estrategia divide el trabajo en dos fases: la prefabricación de segmentos de tubería (spools) en un taller y, posteriormente, su transporte, instalación y ajuste final en campo.

Clave del Éxito: El suministro oportuno de los spools de cañería al frente de montaje es clave para el éxito de todo el proyecto.

2.10.3. El Proceso de Prefabricado

Los spools se fabrican en talleres especializados o en obradores temporales a partir de tuberías y accesorios (codos, bridas, etc.).

Contratar a proveedores idóneos para esta tarea es asegurar una reducción de costos y una mayor calidad del producto final.

Estos talleres cuentan con la infraestructura, los sistemas de gestión de calidad y el personal necesarios para garantizar la precisión dimensional y el cumplimiento riguroso de las especificaciones técnicas.

2.10.4. Ventajas Clave de la Prefabricación

La prefabricación genera ahorros significativos en mano de obra, inspección y pruebas.

Sus principales ventajas son:

- Mayor control de calidad: Es más fácil gestionar y mantener altos estándares en el entorno controlado de un taller.

- Precisión dimensional: El cumplimiento de tolerancias estrictas en el taller evita costosas correcciones en campo.
- Independencia del clima: La fabricación continúa sin interrupciones por lluvia, viento o temperaturas extremas, eliminando retrasos.
- Optimización de la mano de obra: Se soluciona la posible escasez de mano de obra calificada en el sitio del proyecto y se reduce la necesidad de movilizar grandes equipos de fabricación en campo.
- Economías de escala: La producción en masa en un entorno optimizado reduce los costos de fabricación en comparación con el trabajo en sitio.
- Reducción de tiempos: Un montaje más rápido en campo se traduce en menores costos indirectos y cumplimiento de plazos.
- Menor inversión: La empresa instaladora no necesita invertir en costosos equipos de fabricación y ensayo.
- Ensayos no destructivos (END) fiables: Pruebas radiográficas, de partículas magnéticas, líquidos penetrantes, etc., se realizan de forma más eficiente y segura en un taller.
- Mejor calidad de soldadura: El control de los parámetros de soldadura es superior en un taller, lo que resulta en un menor índice de reparaciones.
- Ambiente de trabajo más seguro y limpio: Se reduce la exposición del personal a riesgos y se minimiza la contaminación en el sitio de obra, un factor crucial en plantas alimenticias o farmacéuticas.

2.10.5. Precauciones y Riesgos Asociados

A pesar de sus enormes beneficios, la prefabricación presenta un riesgo severo: los errores dimensionales.

Un spool mal fabricado puede generar una cadena de correcciones en toda la línea, obligando a modificar otros segmentos y a repetir pruebas e inspecciones costosas.

Las causas más frecuentes son una mala interpretación de los isométricos en el taller o un error en la ingeniería de detalle.

Impacto en el Rendimiento: Cuando se adopta una estrategia de prefabricación, el consumo de horas-hombre para tareas como las uniones soldadas se reduce en un porcentaje significativo.

Esta reducción depende de factores como el nivel de automatización del taller, el diámetro y el espesor de la cañería.

2.11. Caso Práctico: Análisis Comparativo por Región Geográfica

A modo de ejemplo, se analiza una misma licitación para un proyecto que se planea ejecutar en tres regiones geográficas distintas (A, B y C), cada una con sus propias particularidades.
El objetivo es demostrar cómo el equipo de estimaciones aplica una metodología de análisis por variables para cuantificar el impacto de las condiciones locales. A partir de una base de horas estándar, se determinan factores de ajuste que reflejan los riesgos y oportunidades de cada emplazamiento, logrando una estimación mucho más precisa y defendible. Este análisis es crucial para entender por qué un mismo trabajo puede tener costos de mano de obra significativamente diferentes según dónde se realice.

2.11.1. Análisis Cualitativo de Variables

Para cada región, se evalúa un conjunto de seis variables críticas que afectan la productividad. Cada una se califica en comparación con una condición estándar. La siguiente tabla resume la evaluación cualitativa.

Tabla 2.2: Resumen Comparativo de Variables por Región

Variable	Región A	Región B	Región C
1. Experiencia Contratista	Excelente (1,15)	Excelente (1,15)	Excelente (1,15)
2. Calidad Documentación	Estándar (1)	Estándar (1)	Estándar (1)
3. Entorno Laboral y Sindical	Estándar (1)	Adverso (Variaciones moderadas) (0,8)	Muy Adverso (Variaciones relevantes) (0,6)
4. Condiciones del Sitio	Estándar (1)	Deficiente (Suelos con mal drenaje)(0,8)	Estándar (1)
5. Condiciones Climáticas	Adverso (0,8)	Adverso(0,8)	Muy Adverso (Vientos constantes >30 km/h) (0,7)
6. Trabajos en Altura	Adverso (Plano de trabajo a 2,50 m)(0,7)	Estándar (1)	Estándar(1)

2.11.2. Resumen Cuantitativo y Conclusión

El análisis cuantitativo culmina con el cálculo de un factor de productividad promedio para cada región. Este factor global, obtenido de la media aritmética de las seis variables, sirve para ajustar la estimación base (HET) y reflejar el rendimiento esperado en cada emplazamiento.
Es importante recordar que un factor promedio **inferior a 1,00** indica una productividad menor a la estándar, lo que se traduce en un **incremento** de las horas-hombre necesarias. Los resultados para cada región son:

- **Región A:** Con un factor promedio de **0,94**, se proyecta un rendimiento inferior al ideal, lo que exige un incremento del **6 %** en las horas-hombre estimadas.
- **Región B:** Su factor promedio de **0,925** refleja un impacto más significativo de las condiciones locales, resultando en un ajuste al alza del **8,1 %** sobre las horas-hombre base.
- **Región C:** Siendo la opción más desfavorable, su factor promedio de **0,91** implica el mayor impacto en el rendimiento, lo que requiere un aumento del **10 %** en la estimación de horas para reflejar las condiciones reales de la obra.

Implicaciones Estratégicas del Análisis. Estos resultados demuestran que, aunque el alcance técnico del trabajo es idéntico, el costo real y el perfil de riesgo del proyecto varían drásticamente según la geografía. Una diferencia de casi 4 puntos porcentuales en las horas-hombre entre la Región A y la C puede ser el factor determinante para ganar o perder una licitación competitiva.
Más allá del costo directo, este análisis funciona como una herramienta de gestión de riesgos. Identifica que en la Región C los factores climáticos y sindicales son los principales focos de incertidumbre que podrían causar retrasos adicionales. Por lo tanto, la oferta final no solo debe reflejar un mayor número de horas, sino también una estrategia de ejecución y una contingencia adecuadas para mitigar los riesgos específicos de la región más desfavorable.

Capítulo 3

Montaje de Cañerías sobre el Nivel del Suelo

3.1. Objetivo y Alcance

El objetivo de este capítulo es proporcionar los índices de consumo de horas-hombre por metro lineal para el montaje de cañerías en plantas industriales, específicamente para instalaciones sobre el nivel del suelo.

La **Tabla 3.1** de este manual lista las horas-hombre que se deben emplear según el diámetro nominal (NPS) y el espesor (*schedule* o SCH) de la tubería.

Los valores de esta tabla se aplican a caños de acero al carbono de calidades estándar, como:

- ASTM A-53 / Grado A / B.
- ERW A-53 / API 5L PSL2 Grado B.

Nota sobre otros materiales: Para aceros diferentes a los mencionados (p. ej., A106, A333, aceros de baja aleación, aceros inoxidables, aceros de alta fluencia o según condiciones establecidas en el WPS), los tiempos de la Tabla 3.1 deben ajustarse multiplicándolos por el coeficiente de corrección (k).

3.2. Definiciones Fundamentales

Piping (Sistema de Tuberías) Se define como una red compleja de tuberías, accesorios y componentes, diseñada según normas como ASME B31.3 (plantas de proceso) o ASME B31.1 (plantas de potencia), que se utiliza para transferir fluidos entre distintos equipos dentro de los límites de una planta.

NPS (Diámetro Nominal de Tubería) Es la designación norteamericana estándar para el tamaño de una tubería, expresada en pulgadas. Es importante destacar que el valor NPS no siempre coincide con el diámetro exterior real.

- **Para NPS 12 y menores:** El diámetro exterior real es mayor que el valor nominal.
- **Para NPS 14 y mayores:** El diámetro exterior real coincide con el valor nominal.

Grado ASTM Las normas de la American Society for Testing and Materials (ASTM) definen la composición química y el proceso de fabricación. El **Grado** (p. ej., Grado A, Grado B) especifica los porcentajes permitidos de carbono, **manganeso**, níquel y otros elementos, determinando así las propiedades mecánicas del material.

Longitud de las Cañerías Las tuberías se suministran en longitudes comerciales estándar. Para efectos de cálculo, se aconseja utilizar las siguientes medidas, ya que otros tamaños pueden tener un costo mayor:

- **Longitud simple aleatoria:** Entre 5 y 7 metros.
- **Longitud doble aleatoria:** Entre 11 y 13 metros.

Tipos de Extremos de Cañerías Existen tres versiones estándar para los extremos, cada una asociada a un tipo de unión:

- **Extremos Planos:** Para accesorios *Socket Weld* o *Slip-On*.
- **Extremos Roscados:** Para accesorios y bridas roscadas en diámetros pequeños.
- **Extremos Biselados:** Estándar para uniones soldadas a tope (*butt weld*). El ángulo de bisel es de 30° (+5°/-0°) con una cara de raíz de 1,6 mm (±0,8 mm).

3.3. Fabricación y Tolerancias

En la **Figura 4.1** se indican las tolerancias dimensionales admitidas en la fabricación de Piping.

1. Las variaciones en las dimensiones indicadas en el plano, entre caras de bridas y centros de accesorios, no pueden exceder los 3 mm (la tolerancia es acumulativa).
2. En curvas con un radio $\geq 6\phi$, las variaciones de la superficie (pliegues, abombamientos) no deberán exceder el 3 % del diámetro nominal de la tubería.
3. La traslación lateral de las bridas desde la posición indicada en el plano no debe exceder los 1,5 mm.
4. La rotación de las bridas no debe exceder los 1,6 mm en el perímetro del agujero del perno.
5. La alineación de las caras de bridas no debe desviarse más de 0,80 mm.

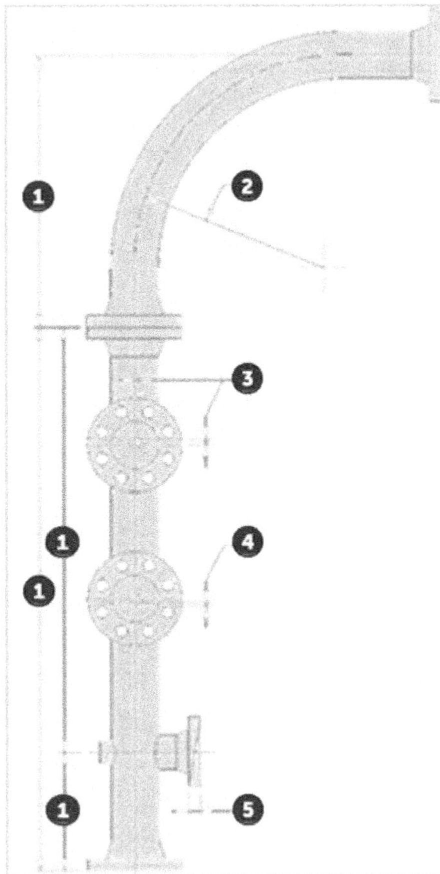

Figura 3.1: Tolerancias admitidas en Fabricación

3.4. Horas-hombre para Montaje de Tuberías Aéreas

Esta sección detalla el uso de los datos de la **Tabla 3.1**, que considera el montaje de tramos rectos de longitud comercial.

Alcance de los Valores de la Tabla. Es fundamental entender qué tareas están incluidas y excluidas en los índices de horas-hombre.

Tareas Incluidas Manipulación completa (descarga, almacenamiento, transporte a punto de montaje), alineación sobre soportes existentes, soldadura de uniones y prueba de estanqueidad.

Tareas Excluidas Fabricación e instalación de soportes, trabajos de limpieza, pintura o aplicación de aislamiento térmico.

Referencias y Normas Aplicables. Los valores son consistentes con las dimensiones y tolerancias de las normas **ASME B36.10**, **ASME B36.19**, **ASTM A530/A530M** y **ASTM A999/A999M**.

Tabla 3.1: Horas-hombre para Montaje de Tuberías Aéreas

	SCH 10		SCH 20		SCH 30		SCH 40		SCH 60		SCH 80		SCH 160	
NPS	kg/m	**Hs-h**	kg/m	**Hs-h**	kg/m	**Hs-h**	kg/m	**Hs-h**	kg/m	**Hs-h**	kg/m	**Hs-h**	kg/m	**Hs-h**
1/2"	—	—	—	—	—	—	1,30	—	—	—	1,60	—	1,90	—
3/4"	—	—	—	—	—	—	1,70	—	—	—	2,20	—	2,90	—
1"	—	—	—	—	—	—	2,50	—	—	—	3,20	—	4,20	—
1 1/2"	—	—	—	—	—	—	4,10	—	—	—	5,40	—	7,20	—
2"	—	—	—	—	—	—	5,50	0,60	—	—	7,50	0,70	11,10	0,80
2 1/2"	—	—	—	—	—	—	8,50	0,70	—	—	11,50	0,90	14,90	1,00
3"	—	—	—	—	—	—	11,30	0,90	—	—	15,30	1,10	21,30	1,30
4"	—	—	—	—	—	—	16,06	1,00	—	—	22,30	1,30	33,50	1,60
6"	—	—	—	—	—	—	28,60	1,50	—	—	43,00	1,90	67,40	2,70
8"	—	—	33,00	1,70	37,00	1,80	43,00	2,00	53,00	2,30	65,00	2,50	114,00	4,10
10"	—	—	42,00	2,00	51,00	2,20	60,00	2,50	82,00	3,00	96,00	3,50	172,00	6,00
12"	—	—	20,00	2,30	65,00	2,70	80,00	3,00	109,00	3,80	132,00	4,40	239,00	7,90
14"	55,20	2,30	68,50	2,70	81,80	3,20	93,70	3,60	126,00	4,50	160,00	5,40	283,00	—
16"	62,60	2,50	78,00	3,00	93,10	3,60	123,00	4,30	160,00	5,40	204,00	6,90	365,00	—
18"	70,50	2,80	88,00	3,50	122,00	4,20	156,00	5,20	206,00	7,00	254,00	8,40	460,00	—
20"	78,50	3,00	117,00	4,10	155,00	5,20	183,00	6,20	248,00	8,00	311,00	10,00	564,00	—
24"	94,00	3,50	141,00	5,00	210,00	6,60	255,00	8,00	354,00	11,00	441,00	14,00	806,00	—

3.4.1. Factores de Ajuste para Escenarios Alternativos

Para escenarios distintos al montaje inicial, aplique los siguientes factores de ajuste a los valores de la Tabla 3.1:

- **Para Desmontaje o Remoción:** Multiplicar los valores por un factor de **0,50**.
- **Para Reubicación (Desmontaje y Montaje):** Multiplicar los valores por un factor de **2,0**. (Nota: este factor contempla el ciclo completo de desmontar la tubería y volver a instalarla en un nuevo lugar).

Capítulo 4

Instalación de Codos y Tees

4.1. Objetivo y Alcance

- El objetivo de este capítulo es determinar la cantidad de horas-hombre necesarias para el montaje en campo de codos de radio largo (90° y 45°) y Tees Rectas en instalaciones de tuberías aéreas (sobre nivel del suelo).
- Estos datos se encuentran en la Tabla N 4.1 de este capítulo, donde los tiempos se clasifican según el diámetro nominal (NPS) y el espesor (Schedule o SCH) de los accesorios.
- Los valores presentados aplican a fittings de acero al carbono de calidad estándar, fabricados conforme a la norma ASTM A234 Gr. WPB.

Nota sobre otros materiales: Para aceros diferentes a los mencionados (p. ej., A106, A333, aceros de baja aleación, aceros inoxidables, aceros de alta fluencia o determinadas condiciones establecidas en el WPS), los tiempos de la Tabla deben ser ajustados. Esto se realiza multiplicándolos por el coeficiente de corrección (k).

4.2. Definiciones y Notas Técnicas

- **Espesor de los Accesorios.** Generalmente, los accesorios forjados tienen un espesor ligeramente mayor al de la tubería correspondiente. Esto se hace para compensar cualquier posible reducción de espesor que pueda ocurrir durante el proceso de conformado, garantizando así la integridad estructural del componente.
- **Material de los Accesorios.** El material de los accesorios siempre debe ser compatible y, por lo general, coincidir con el de las tuberías a las que se van a unir.

Nota sobre la Nomenclatura de Espesores: Es importante entender la relación entre las designaciones SCH, STD (Estándar) y XS (Extra Fuerte):

- STD vs. SCH 40: Son equivalentes hasta NPS 10. Para diámetros mayores, STD corresponde a un espesor de pared fijo de 3/8" (9,53 mm).
- XS vs. SCH 80: Son equivalentes hasta NPS 8. Para diámetros mayores (NPS 10 y superiores), XS corresponde a un espesor de pared fijo de 1/2" (12,7 mm).

Tabla 4.1: Instalación de Codos RL y Tees Rectas

	CODOS LR 90° Y 45°				Tee Recta		
NPS	**Liviano**	**STD**	**XS**	**SCH 160**	**STD**	**XS**	**SCH 160**
1/2"	—	1,40	1,80	2,00	2,10	2,70	3,00
3/4"	1,60	1,60	2,00	2,20	2,40	3,00	3,30
1"	1,80	1,80	2,20	2,80	2,70	3,50	3,90
1 1/2"	2,40	2,40	2,80	3,30	3,60	4,20	5,00
2"	2,80	2,90	3,40	4,00	4,40	5,10	6,00
2 1/2"	3,10	3,50	4,00	5,00	5,10	6,00	7,50
3"	3,60	4,00	5,00	6,00	6,00	7,70	9,00
4"	4,20	5,10	6,20	8,00	7,50	9,30	12,00
6"	5,80	7,00	9,00	13,00	11,00	14,00	20,00
8"	7,50	9,50	13,00	21,00	14,00	19,00	32,00
10"	9,60	12,00	15,00	32,00	18,00	22,00	48,00
12"	12,00	14,00	17,00	45,00	20,00	26,00	66,00
14"	—	15,00	19,00	—	22,00	28,00	—
16"	—	17,00	21,00	—	24,00	31,00	—
18"	—	18,00	23,00	—	27,00	36,00	—
20"	—	20,00	26,00	—	30,00	39,00	—
24"	—	23,00	32,00	—	34,00	48,00	—

La Tabla presenta los tiempos estimados en horas-hombre requeridos para el montaje de codos de 90° y 45° radio largo (RL), así como de Tees Rectas, en instalaciones ubicadas sobre nivel del suelo. Los valores varían según el diámetro nominal y el Schedule (SCH) de los accesorios, y son aplicables a piezas de acero al carbono conforme a la norma ASTM A234 Gr. WPB.

4.3. Alcance de los Valores de la Tabla

Tareas Incluidas:

- Manipulación: Descarga del accesorio en obra, almacenamiento y transporte posterior al punto de montaje.

- Presentación y Alineación: Posicionamiento del accesorio en la línea.
- Soldadura de los extremos a la tubería.
- Prueba de estanqueidad de las uniones realizadas.

Conceptos Explícitamente Excluidos:

- Fabricación e instalación de soportes.
- Trabajos de limpieza, pintura y aislamiento térmico.
- Prefabricado de los accesorios (se asume que los accesorios son componentes estándar de catálogo).

4.4. Requisitos de Soldadura para Derivaciones tipo Olet

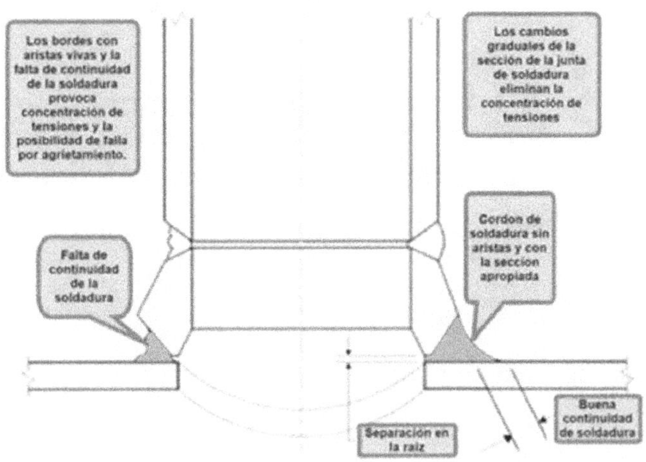

Figura 4.1: Control de Calidad de la soldadura en derivaciones tipo Olet.

La ilustración superior detalla los perfiles de soldadura correctos e incorrectos para la instalación de accesorios de derivación tipo Olet (p. ej., Weldolet®, Sockolet®).

Los códigos de diseño aplicables, como ASME B31.3 (Tuberías de Proceso) y el código ASME para Recipientes a Presión, fijan los requisitos específicos para el refuerzo estructural y la soldadura de estas conexiones.

Es de vital importancia seguir el procedimiento adecuado, ya que la falta de calidad o un perfil incorrecto pueden generar una alta concentración de tensiones y producir fallas por fatiga o agrietamiento en la raíz del cordón, lo que compromete la integridad mecánica de toda la conexión.

Capítulo 5

Tees Reductoras, Monturas y Reducciones hasta 10" $\times$ 4"

5.1. Instalación de Tees Reductoras, Monturas y Reducciones hasta 10" $\times$ 4"

5.1.1. Objetivo y Alcance

El objetivo de este capítulo es calcular la cantidad de horas-hombre requeridas para el montaje de los siguientes accesorios en instalaciones sobre el nivel del suelo:

- Tees Reductoras
- Reducciones concéntricas y excéntricas
- Monturas (Saddles)

Los valores de la Tabla 5.1 aplican a accesorios de acero al carbono de calidad estándar ASTM A234 Gr. WPB. **Nota sobre otros materiales:** Para aceros diferentes a los mencionados (p. ej., A106, A333, aceros de baja aleación, aceros inoxidables, aceros de alta fluencia o determinadas condiciones establecidas en el WPS), los tiempos de la Tabla deben ser ajustados. Esto se realiza multiplicándolos por el coeficiente de corrección (k).

Tabla 5.1: Hs-h para Instalación de Tees Reductoras, Reducciones y Monturas hasta 10 x 4 pulgadas

NPS	Tee con reducción			Reducciones concéntricas y excéntricas			Monturas
	Sch 40 (Hs-h)	XS (Hs-h)	Sch 160 (Hs-h)	Sch 40 (Hs-h)	XS (Hs-h)	XXS (Hs-h)	(Hs-h)
1"x 3/4"	2,60	3,20	4,40	1,70	2,10	2,40	–
1 1/4"x 1"	2,80	3,50	4,70	1,90	2,30	2,60	–
1 1/2"x 1 1/4"	3,10	3,90	5,00	2,10	2,50	2,90	–
2"x 1 1/2"	4,00	4,80	5,70	2,70	3,10	3,70	–
2 1/2"x 2"	4,90	5,70	7,00	3,20	3,70	4,50	–
3"x 1 1/2"	5,20	6,40	7,70	3,30	4,00	4,70	–
3"x 2"	5,40	6,70	8,00	3,50	4,20	5,00	5,00
3"x 2 1/2"	5,80	7,00	8,60	3,70	4,50	5,50	5,50
4"x 2"	6,50	7,90	10,00	4,00	4,80	6,00	6,00
4"x 2 1/2"	6,70	8,20	10,50	4,20	5,10	6,50	6,50
4"x 3"	7,00	8,70	11,00	4,50	5,60	7,00	7,00
6"x 3"	9,00	11,50	16,00	5,50	7,00	9,50	11,00
6"x 4"	9,50	12,10	17,00	6,00	7,60	10,50	12,00
8"x 4"	12,00	15,50	25,00	7,20	9,30	14,50	15,00
8"x 6"	13,00	17,00	27,50	8,20	10,70	17,00	17,00
10"x 4"	14,50	18,00	36,00	8,50	11,00	20,50	18,00

5.2. Alcance de los Valores de la Tabla

Tareas Incluidas:

- Manipulación: Descarga del accesorio en obra, almacenamiento y transporte posterior al punto de montaje.
- Presentación y Alineación: Posicionamiento del accesorio en la línea.
- Soldadura de los extremos a la tubería.
- Prueba de estanqueidad de las uniones realizadas.

Conceptos Explícitamente Excluidos:

- Fabricación e instalación de soportes.

- Trabajos de limpieza y pintura.
- Aplicación de aislamiento térmico.

5.3. Lineamientos Generales

Tees Reductoras: Disponibilidad y Alternativas

Mientras que las Tees Rectas (Straight Tees) están disponibles en prácticamente todos los diámetros, no ocurre lo mismo con las Tees Reductoras (Reducing Tees).

Muchos tamaños no se fabrican de forma estándar debido a la complejidad de producción o a su baja demanda.

Por ejemplo, una tee de NPS 6"$\times$ 4" es un artículo habitual, pero es muy poco probable encontrar una de NPS 16"$\times$ 2".

5.3.1. Alternativas de Fabricación Aceptadas por ASME B31.3

Aun si existiera, utilizar una te de NPS 16" para una derivación de NPS 2" no sería técnica ni económicamente conveniente. En estos casos, la solución adecuada es emplear una conexión de derivación, que puede resolverse mediante:

- **Derivación Directa (Stub-in):** Consiste en cortar un agujero en la tubería principal e insertar y soldar el ramal.
    - *Limitación:* Este método debilita el cabezal, por lo que casi siempre requiere un cálculo de refuerzo según ASME B31.3 (párrafo 304.3.3).
    - *Consideraciones (si se requiere refuerzo):* Si el cálculo exige añadir una placa de refuerzo (montura), esta debe ser de material compatible y contar con un agujero de venteo.
- **Accesorio de Derivación (Olet):** Es la solución más robusta, especialmente para alta presión/temperatura. Se utilizan accesorios forjados como Weldolet®, Sockolet®, etc. Este tema se desarrolla en el capítulo siguiente.

Capítulo 6

Tees Reductoras, Monturas y Reducciones hasta 20” × 18”

6.1. Objetivo y Alcance

Objetivo El objetivo de este capítulo es determinar la cantidad de horas-hombre necesarias para el montaje de accesorios de gran diámetro en instalaciones sobre el nivel del suelo. La Tabla cubre los siguientes componentes hasta un tamaño de 20 x18 pulgadas:

- Tees reductoras
- Reducciones concéntricas y excéntricas
- Monturas (Saddles)

Los valores de la Tabla 6.1 aplican a accesorios de acero al carbono de calidad estándar ASTM A234 Gr. WPB.

Nota sobre otros materiales: Para aceros diferentes a los mencionados (p. ej., A106, A333, aceros de baja aleación, aceros inoxidables, aceros de alta fluencia o determinadas condiciones establecidas en el WPS), los tiempos de la Tabla 6.1 deben ser ajustados. Esto se realiza multiplicándolos por el coeficiente de corrección (k).

Tabla 6.1: Horas-hombre para Instalación de Accesorios de Gran Diámetro

NPS	Tees reductoras			Reducciones concéntricas y excéntricas			Monturas
	Sch 40 (Hs-h)	XS (Hs-h)	Sch 160 (Hs-h)	Sch 40 (Hs-h)	XS (Hs-h)	XXS (Hs-h)	(Hs-h)
10"x 6"	16,00	20,00	39,00	9,50	12,00	23,00	19,00
10"x 8"	16,00	21,00	42,00	10,00	14,00	27,00	20,00
12"x 6"	17,00	22,00	52,00	10,00	13,00	29,00	21,00
12"x 8"	18,00	23,00	56,00	11,00	15,00	33,00	23,00
12"x 10"	19,00	25,00	60,00	13,00	16,00	39,00	24,00
14"x 8"	19,50	25,00	–	13,00	17,00	–	25,00
14"x 10"	21,00	26,00	–	14,00	18,00	–	26,00
14"x 12"	22,00	27,00	–	14,00	19,00	–	27,00
16"x 12"	23,00	29,00	–	15,00	20,00	–	28,00
16"x 14"	24,00	30,00	–	16,00	21,00	–	29,00
18"x 12"	25,00	32,00	–	16,00	21,00	–	31,00
18"x 14"	26,00	33,00	–	17,00	22,00	–	32,00
18"x 16"	27,00	34,00	–	18,00	22,00	–	33,00
20"x 14"	28,00	36,00	–	18,00	22,00	–	35,00
20"x 16"	29,00	37,00	–	19,00	24,00	–	36,00
20"x 18"	30,00	38,00	–	20,00	25,00	–	37,00

6.2. Alcance de los Valores de la Tabla

Tareas Incluidas:

- Manipulación: Descarga del accesorio en obra, almacenamiento y transporte posterior al punto de montaje.
- Presentación y Alineación: Posicionamiento del accesorio en la línea.
- Soldadura de los extremos a la tubería.
- Prueba de estanqueidad de las uniones realizadas.

Conceptos Explícitamente Excluidos:

- Fabricación e instalación de soportes.
- Trabajos de limpieza y pintura.
- Aplicación de aislamiento térmico.

6.3. Accesorios de Derivación (Olets)

Estos accesorios permiten derivaciones reforzadas desde una tubería principal, sin necesidad de monturas. Están normalizados por la MSS SP-97 y disponibles en múltiples materiales y tamaños.

6.3.1. Principales tipos de Olets

- **Weldolet:** Es el más común. Tiene extremos biselados y se suelda directamente sobre el cabezal. La derivación se suelda a tope en la salida del Weldolet. Su propio cuerpo ya incluye todo el refuerzo necesario.
- **Sockolet:** Similar al Weldolet, pero la conexión con la derivación es de tipo "socket weld"(caja para soldar). Se usa generalmente para diámetros de ramal más pequeños (hasta 2 pulgadas).
- **Thredolet:** La salida tiene una conexión roscada (NPT). Se utiliza para servicios de baja presión y no críticos.
- **Latrolet:** Es un accesorio que crea una conexión de derivación en ángulo, típicamente de 45°, sobre una tubería principal recta. A diferencia del Weldolet que genera una derivación a 90°, el Latrolet se utiliza cuando el diseño requiere una inserción no perpendicular.
- **Elbolet:** Diseñado específicamente para realizar una derivación directamente desde el cuerpo de un codo de tubería, ya sea de radio largo o corto. Su base tiene una curvatura pronunciada (forma de silla de montar) que se adapta perfectamente al radio del codo.
- **Nipolet:** Es un accesorio de derivación que integra un niple de tubería extrafuerte (XS) en una sola pieza forjada. Combina la función de un Weldolet y un niple, eliminando la necesidad de una soldadura entre ambos. Comúnmente usado en conexiones de instrumentación.
- **Sweepolet:** Proporciona una transición suave del flujo desde el cabezal hacia la derivación, lo que minimiza la turbulencia y la erosión. Su diseño es ideal para soportar altas presiones, temperaturas y servicios cíclicos o con vibraciones.

Capítulo 7

Instalación de Válvulas

7.1. Condiciones Generales de Montaje

7.1.1. Objetivo

El objetivo de este capítulo es establecer los fundamentos para estimar las horas-hombre necesarias en el montaje de válvulas. Los valores incluidos en las tablas corresponden a rendimientos obtenidos bajo condiciones de aplicación estándar, en un sitio de obra aislado y sin interferencias de plantas o equipos en operación.

Tal como se indicó previamente, estos rendimientos deben ajustarse mediante factores de corrección cuando las condiciones reales del proyecto difieran del estándar, a fin de reflejar con precisión la situación particular de cada obra.

7.1.2. Condiciones de Aplicación Estándar

Los valores de las tablas se registraron bajo los siguientes criterios:

- **Clima:** Las tareas se ejecutan en un clima moderado (temperaturas medias entre 5 °C y 30 °C) y con vientos menores a 30 km/h.
- **Entorno de Trabajo:** El área está libre de contaminación y el trabajo se realiza en horario diurno.
- **Altura de Trabajo:** La altura máxima del plano de trabajo no supera los 1,50 metros sobre el nivel del suelo. Cualquier montaje a una altura superior requerirá un ajuste.
- **Espacio Libre:** En lugares techados, la altura libre mínima es de 2,60 metros.
- **Transporte:** La distancia máxima desde el área de almacenamiento hasta el punto de montaje es de 300 metros.

- **Acceso:** El acceso de los operarios está a 200 metros o menos del área de trabajo.
- **Recursos:** Se dispone de personal calificado y de los equipos y herramientas adecuadas.

7.1.3. Alcance y Exclusiones de la Tabla

Los registros de horas-hombre de la Tabla no incluyen los siguientes conceptos:

- Montaje y retiro de andamios.
- Trabajos de repaso o corrección por errores de diseño.
- Horas para el ajuste inicial o repaso de tensado en los pernos de las uniones bridadas.
- Horas para pruebas de estanqueidad de válvulas de gran tamaño antes de su montaje.

7.2. Instalación de Válvulas Compuerta

Esta tabla indica los tiempos en horas-hombre para el montaje de válvulas compuerta (*gate valves*) en instalaciones sobre el nivel del suelo. Los datos están clasificados según el diámetro (NPS) y la serie (clase de presión) de la válvula.

7.2.1. Notas Importantes sobre la Tabla

Peso de las Válvulas

Los pesos indicados en la tabla son orientativos. Una vez seleccionado el modelo específico, se debe consultar el catálogo del fabricante para obtener el peso exacto, lo cual es crucial para planificar las maniobras de izaje.

Tipo de Válvula por Diámetro

- **NPS 1/2" a 2":** Los valores corresponden a válvulas de acero forjado con extremos roscados.
- **NPS 2 1/2" en adelante:** Los valores corresponden a válvulas de acero fundido con extremos bridados.

7.2.2. Horas-hombre para Montaje de Válvulas Compuerta

Tabla 7.1: Horas-hombre y peso para Válvulas Compuerta

NPS	150#		300#		600#		900#		1500#	
	kg	Hs-h	kg	Hs-h	kg	Hs-h	kg	Hs-h	kg	Hs-h
1/2"	1,25	1,30	1,80	1,40	2,90	1,50	4,50	1,60	6,50	1,70
3/4"	2,50	1,50	2,90	1,60	4,00	1,70	6,00	1,80	10,80	2,00
1"	3,60	1,80	4,50	1,90	6,30	2,00	10,60	2,20	18,00	2,50
1 1/2"	8,40	2,60	9,80	2,70	15,00	2,70	25,40	3,00	38,50	3,50
2"	13,60	3,00	17,00	3,20	19,50	3,40	36,00	3,70	68,00	4,00
2 1/2"	30,00	1,50	47,00	1,70	77,00	2,20	90,00	2,50	164	3,00
3"	41,00	1,70	44,00	2,00	63,00	2,50	131	3,00	289	4,00
4"	54,00	2,00	71,00	2,50	120	3,00	261	4,00	385	5,30
6"	92,00	3,00	127	4,00	270	6,00	515	8,50	784	11,00
8"	147	4,00	196	5,60	430	8,50	891	12,00	1485	16,00
10"	186	5,20	300	7,50	740	12,00	1042	16,00	2595	21,00
12"	289	6,50	407	9,50	874	15,00	2080	20,00	3580	25,00
14"	485	8,00	782	12,50	1300	19,00	2760	25,00	–	–
16"	636	10,00	1043	15,00	1800	24,00	3158	30,00	–	–
18"	840	12,00	1383	18,00	2008	33,00	3762	40,00	–	–
20"	1015	14,00	1864	22,00	2700	45,00	–	–	–	–
24"	1521	18,00	2270	32,00	4500	55,00	–	–	–	–

7.2.3. Recomendaciones de Instalación

- **Preparación:** Revise la válvula para descartar daños, confirme que cumpla las especificaciones de servicio y limpie tanto la válvula como la tubería. Verifique que el mecanismo de la válvula abra y cierre con suavidad.
- **Montaje:** Mantenga la válvula parcialmente abierta durante la instalación para proteger sus componentes internos de tensiones indebidas. Compruebe que la tubería esté correctamente alineada y soportada.

7.3. Horas-hombre para Montaje de Válvulas tipo Wafer

La siguiente Tabla detalla los tiempos en horas-hombre para el montaje de válvulas tipo wafer (oblea) en instalaciones sobre el nivel del suelo.

Los datos están clasificados por diámetro (NPS) y serie de la válvula.

Nota: Los valores no incluyen los tiempos por ajuste o repaso de tensado de los pernos.

Tabla 7.2: Horas Hombre para Montaje de Válvulas tipo Wafer

NPS	150#	300#	600#
1/2"	0,14	0,21	0,28
3/4"	0,14	0,28	0,35
1"	0,14	0,28	0,42
1 1/2"	0,28	0,42	0,56
2"	0,42	0,98	1,12
3"	0,77	1,54	2,38
4"	1,40	2,45	3,43
6"	2,31	4,20	5,81
8"	3,43	4,76	6,44
10"	4,20	6,09	8,26
12"	5,67	6,93	10,15
14"	6,02	7,14	13,58
16"	7,28	10,71	16,80
18"	8,19	11,69	23,80
20"	9,03	14,70	27,30
24"	11,69	21,70	37,10

7.3.1. Recomendaciones de Instalación

Para instalar adecuadamente una válvula tipo Wafer, diseñada para montarse entre dos bridas, es fundamental asegurar la alineación precisa de la tubería.

La válvula debe estar perfectamente centrada para que su disco no golpee la tubería al abrir.

Antes de apretar, es vital verificar que el disco pueda girar 90 grados sin obstrucciones. Los pernos largos que la sujetan deben apretarse de manera gradual y cruzada para asegurar una presión uniforme y evitar daños.

Generalmente, no se necesitan juntas adicionales, ya que el propio asiento elástico de la válvula actúa como sello.

Se debe revisar que las caras de las bridas estén limpias, sin daños y que sean paralelas.

7.4. Horas-hombre para Montaje de Válvulas con Extremos Butt-Weld

Esta Tabla detalla los tiempos en horas-hombre para el manipuleo y posicionamiento de válvulas con extremos para soldar a tope. No incluye los tiempos de soldadura.
Los datos están clasificados por diámetro (NPS) y serie de la válvula.

Tabla 7.3: Horas-hombre para Posicionamiento de Válvulas Buttweld

NPS	150#	300#	600#	900#	1500#	2500#
1/2"	0,21	0,21	0,28	—	0,49	0,63
3/4"	0,21	0,35	0,42	—	0,70	0,77
1"	0,21	0,35	0,42	—	0,77	0,91
1 1/2"	0,35	0,49	0,63	—	1,19	1,40
2"	0,49	1,12	1,33	—	1,40	1,61
3"	0,91	1,75	2,73	3,08	3,43	3,92
4"	1,75	2,80	3,99	4,83	5,67	6,65
6"	2,59	4,83	6,65	7,14	7,56	8,75
8"	3,92	5,53	7,42	8,40	9,38	10,85
10"	4,83	7,00	9,52	10,78	12,04	14,00
12"	6,51	7,98	11,69	14,00	16,08	18,20
14"	6,93	8,19	15,40	—	—	—
16"	8,40	12,32	19,60	—	—	—
18"	9,38	13,44	27,30	—	—	—
20"	10,36	17,50	31,50	—	—	—
24"	13,44	25,20	42,70	—	—	—

7.4.1. Instrucciones para Soldadura

Durante la soldadura de una válvula *butt-weld* deben cumplirse estrictamente las siguientes indicaciones:

- **Seguir indicaciones del fabricante:** Cumpla rigurosamente con los procedimientos recomendados y compruebe la alineación de la tubería.
- **Posición de la válvula:** Manténgala parcialmente abierta para reducir tensiones térmicas y prevenir deformaciones.
- **Limpieza y protección:** Limpie los extremos de la tubería y proteja el interior de la válvula contra salpicaduras y escoria, ya sea con cubiertas o gas inerte. Evite que los asientos y sellos excedan la temperatura máxima permitida.

7.5. Hs-h para Montaje de Válvulas de Seguridad y de Control

Esta Tabla indica los tiempos en horas-hombre para el montaje de **válvulas de seguridad (alivio de presión) y válvulas de control.**

Los datos están clasificados según el **diámetro (NPS) y la serie (clase de presión)** de cada válvula.

No incluye tiempos por tensado de pernos.

Tabla 7.4: Instalación de Válvulas de Seguridad y de Control

NPS	150#	300#
1/2"	0,84	0,91
3/4"	0,84	1,26
1"	0,84	1,26
1 1/2"	1,05	1,75
2"	1,47	3,15
3"	2,03	4,41
4"	2,73	5,81
6"	5,53	9,38
8"	7,31	10,78
10"	9,87	14,70
12"	12,11	16,80
14"	13,16	18,20
16"	16,10	24,50
18"	18,20	28,00
20"	21,00	32,90
24"	25,90	45,50

Válvulas de Seguridad

Para las válvulas de seguridad, la instalación debe ser siempre **vertical** y con el bonete hacia arriba, lo más cerca posible del equipo a proteger y sin válvulas de cierre intermedias que puedan aislarla inadvertidamente.

Es crucial que la tubería de entrada sea corta, directa y de un diámetro no menor al de la conexión de entrada de la válvula para evitar caídas de presión que afecten su rendimiento.

Las tuberías de descarga deben tener un diámetro igual o superior al de la salida, estar adecuadamente soportadas para no ejercer tensión sobre el cuerpo de la válvula y contar con orificios de drenaje para prevenir la acumulación de condensado.

El desfogue debe dirigirse a una zona segura, lejos del personal y equipos sensibles, asegurando que la descarga no genere riesgos adicionales o contrapresiones que excedan el límite de diseño de la válvula.

Válvulas de Control

En las válvulas de control es imperativo respetar la **dirección del flujo** indicada por una flecha en el cuerpo.

Requieren tramos rectos de tubería, típicamente de 5 a 10 diámetros de tubería aguas arriba y de 3 a 5 diámetros aguas abajo, para asegurar un flujo estable y un control preciso, minimizando turbulencias.

Es una buena práctica instalar un filtro tipo Y o canasta aguas arriba para proteger los internos de la válvula contra partículas y suciedad arrastradas por el fluido.

Además, se debe prever espacio suficiente alrededor para facilitar el acceso durante operaciones de mantenimiento, calibración o desmontaje del actuador.

Frecuentemente se instalan en una configuración de *bypass* con válvulas de bloqueo, lo que permite desviar el flujo y dar servicio a la válvula de control sin interrumpir el proceso.

Capítulo 8

Horas-hombre para Montaje de Soportes de Tuberías

8.1. Objetivo

Establecer los tiempos estándar en horas-hombre (Hs-h) para la fabricación y el montaje de soportes de tuberías en plantas industriales. Los valores, detallados en la Tabla 8.1, varían según el diámetro nominal (NPS) y el espesor (Schedule o SCH) de la tubería a soportar.

8.1.1. Alcance General

Los tiempos de este capítulo aplican exclusivamente a los soportes que se unen a la tubería mediante soldadura. El alcance incluye específicamente:

- **Placas de desgaste (Wear Plates):** Elementos de sacrificio para proteger la tubería del desgaste por fricción.
- **Patines (Pipe Shoes):** Estructuras soldadas que sirven como interfaz de deslizamiento sobre vigas o durmientes.
- **Orejetas (Lugs):** Puntos de anclaje soldados para la conexión de varillas, abrazaderas u otros componentes.
- **Muñones (Trunnions):** Secciones de tubería soldadas perpendicularmente a la línea principal (comúnmente en codos) para crear un punto de soporte rígido.

Tabla 8.1: Tabla de horas-hombre para soportes de tuberías

NPS	Peso del Caño en Kg/m		Espacio entre soportes en metros	Peso de soportes en Kg/m		Prefabricación de soportes (Hs-h/m)		Montaje de soportes (Hs-h/m)	
	SCH 40	SCH 80		para caño SCH 40	para caño SCH 80	para caños SCH 40	para caños SCH 80	en caños SCH 40	en caños SCH 80
1"	2,50	3,25	2,14	0,50	0,65	0,50	0,65	0,10	0,13
1 1/2"	4,04	5,40	2,75	0,80	1,00	0,60	0,80	0,10	0,15
2"	5,44	7,47	3,05	1,00	1,35	0,70	0,90	0,20	0,22
2 1/2"	8,50	11,50	3,35	1,30	1,70	0,75	1,00	0,20	0,26
3"	11,30	15,25	3,65	1,50	2,00	0,80	1,10	0,20	0,29
4"	16,06	22,29	4,30	2,00	2,70	0,90	1,20	0,27	0,36
6"	28,30	42,51	5,20	3,00	4,70	1,20	1,80	0,40	0,60
8"	33,30	–	5,80	4,00	–	1,50	–	0,50	–
10"	60,30	–	6,70	5,00	–	1,70	–	0,60	–
12"	73,80	–	7,00	6,00	–	1,90	–	0,70	–
14"	81,80	–	7,60	6,60	–	2,00	–	0,70	–
16"	93,10	–	8,25	7,50	–	2,20	–	0,80	–
18"	105,00	–	8,55	8,50	–	2,30	–	0,80	–
20"	117,00	–	9,15	9,50	–	2,40	–	0,90	–
22"	130,00	–	9,50	11,00	–	2,50	–	0,90	–
24"	141,00	–	9,75	12,00	–	2,60	–	1,00	–

8.1.2. Alcance Específico de los Valores de la Tabla

Manipuleo

Comprende descarga del elemento en Obra, almacenamiento en Obrador y posterior carga y transporte al lugar de montaje.

Los tiempos incluyen:

- **Manipuleo.**
- **Prefabricado del soporte.**
- **Montaje.**

Los tiempos no incluyen:

- **Fabricación y montaje de parrales o sleepers.**
- **Puntos fijos.**
- **Montaje de soportes elásticos.**
- **Fabricación de estructuras auxiliares.**
- **Limpieza y pintura de soportes.**

8.1.3. Consideraciones de ASME B31.3 para Soportes Vinculados a Tuberías

La norma ASME B31.3 establece requisitos específicos para la fabricación y montaje de soportes que se fijan directamente a la tubería, con el fin de no comprometer su integridad. A continuación se resumen las consideraciones clave para distintos componentes:

- **Chapas de Desgaste, Trunnions y Patines:** Para los componentes soldados directamente a la tubería, la consideración fundamental es la **compatibilidad de material y la calificación de la soldadura (WPS/WPQ)**. Es crucial que el material del soporte sea compatible con el de la tubería (normalmente idéntico o de la misma familia P-Number) para garantizar una unión metalúrgica adecuada y prevenir la corrosión galvánica.
- **Orejetas (Lugs) Soldadas:** Para estos elementos, la soldadura no solo debe estar calificada, sino que el diseño del componente es crítico para **evitar concentraciones de esfuerzo**. Por ejemplo, una orejeta (lug) debe diseñarse con una base ancha y bordes suaves para que la carga de la horquilla se distribuya uniformemente sobre un área mayor en la pared de la tubería.

8.1.4. Prevención de la Corrosión Galvánica

El principio fundamental para prevenir la corrosión galvánica es **evitar el contacto directo entre metales disímiles**, como el acero inoxidable y el acero al carbono. Este contacto, en presencia de humedad, crea un par galvánico que acelera la corrosión del metal menos noble.

La práctica correcta para proteger la integridad de la tubería es instalar una barrera física. Por ejemplo, al sujetar una tubería de acero inoxidable con una abrazadera de acero al carbono, es mandatorio interponer una **chapa de desgaste (wear plate)**. Crucialmente, esta chapa debe ser del **mismo material que la tubería** (acero inoxidable) y soldarse a ella, garantizando que la tubería quede eléctricamente aislada de la abrazadera.

Capítulo 9

Rendimiento en Limpieza y Pintura de Piping

9.1. Objetivo

El objetivo de este capítulo es calcular la cantidad de horas-hombre requeridas para la limpieza y aplicación de un esquema de pintura estándar sobre superficies de tuberías de acero al carbono. Los rendimientos presentados corresponden a las siguientes condiciones específicas:

- Nivel de Corrosividad Ambiental: C3 (Medio), según la norma ISO 12944 (Véase la Tabla 10.1).
- Método de Aplicación: La aplicación se realiza principalmente con equipo de pulverización para asegurar una cobertura uniforme de las capas de imprimación y acabado, complementada con aplicación manual (rodillo y brocha) para retoques.
- Preparación de Superficie: Grado Sa 2½ (chorreado abrasivo casi blanco) o su equivalente SP-10, según las normas ISO 8501 / SSPC. Esta preparación proporciona un perfil de anclaje adecuado para la primera capa de imprimación (primer).

9.1.1. Condiciones de Aplicación:

Los rendimientos de la Tabla 10.2 son válidos para lotes de trabajo de tamaño medio. Para trabajos de menor escala o intervenciones puntuales, deben utilizarse rendimientos específicos, como los ilustrados en los ejemplos prácticos incluidos en este manual.

Se debe garantizar el Espesor de Película Seca (EPS) especificado.

Tabla 9.1: Clasificación de Ambientes según Nivel de Corrosividad.

Categoría	Nivel de Corrosividad	Descripción Típica del Ambiente
C1	Muy Bajo	Espacios interiores con calefacción.
C2	Bajo	Atmósferas con baja contaminación; principalmente áreas rurales.
C3	Medio	Ambientes urbanos e industriales, contaminación moderada; zonas costeras con baja salinidad.
C4	Alto	Áreas industriales y zonas costeras con salinidad moderada.
C5-I	Muy Alto (Industrial)	Áreas industriales con alta humedad y atmósferas agresivas.
C5-M	Muy Alto (Marino)	Zonas costeras y marítimas con alta salinidad.

Tabla 9.2: Tasas de Rendimiento para Tratamiento de Superficie y Pintura de Cañerías.

NPS	Superficie Externa (m^2/m)	Total Pintura y Limpieza SP-10 (Hh/m)
1"	0,10	0,28
1 1/2"	0,15	0,35
2"	0,19	0,41
2 1/2"	0,23	0,48
3"	0,28	0,65
4"	0,36	0,82
6"	0,53	1,00
8"	0,69	1,10
10"	0,85	1,21
12"	0,96	1,38
14"	1,12	1,56
16"	1,28	1,73
18"	1,44	2,08
20"	1,60	2,59
24"	1,91	2,08
30"	2,39	2,59

9.1.2. Longitudes Equivalentes de Accesorios

Para la estimación de horas-hombre en tratamiento superficial y pintura, cada accesorio debe convertirse a su longitud equivalente de caño recto según el siguiente criterio:

- **NPS $\leq$ 4:** Longitud equivalente uniforme de 1,0 ml para todos los accesorios.
- **NPS >4:** Aplicar valores de la Tabla 9.3 según tipo de accesorio.

Tabla 9.3: Longitudes equivalentes de accesorios para estimación de pintura y limpieza (NPS >4).

Tipo de Accesorio	Equivalencia (ml)	Consideraciones
Codo 90° / Tee	1,5 – 2,0	Mayor superficie y complejidad geométrica
Codo 45° / Reducción	1,0	Geometría menos compleja
Brida (Flange)	2,5 – 3,0	Superficie exterior, cuello y pernería. Caras de sello se enmascaran*
Válvulas	2,0	Solo capa de terminación**

***Caras de bridas:** Las superficies de sellado (raised face, RTJ, etc.) se enmascaran con materiales protectores durante los procesos de arenado y pintura para preservar la integridad de los espejos de las bridas.

****Válvulas:** Se suministran con shop primer; solo requieren limpieza y finish coat.

Nota general: Los valores indicados representan metros lineales (ml) de caño recto equivalente que deben sumarse a la longitud total de tubería para el cálculo de horas-hombre.

9.1.3. Alcance y Parámetros de la Tabla 10.2

Tareas Incluidas en los Rendimientos:

- Manipulación: Descarga, almacenamiento en obrador y transporte de las tuberías.
- Control de Calidad: Tiempos para la inspección del revestimiento aplicado (p. ej., medición de espesores).
- Retoques y controles de calidad en el piping instalado.

9.1.4. Consideraciones sobre los Esquemas de Pintura

Un esquema de pintura industrial típico para acero al carbono consta de tres capas:

Imprimación (Primer) Es la primera capa, aplicada directamente sobre el acero preparado. Su función es proporcionar una excelente adhesión y una protección anticorrosiva activa (por ejemplo, imprimaciones ricas en zinc).

Capa Intermedia Se aplica sobre la imprimación para aumentar el espesor total del sistema (espesor de película seca o EPS). Actúa como una barrera física contra el paso de agua y oxígeno.

Capa de Acabado (Top Coat) Es la capa visible. Proporciona el color final y la protección contra los elementos del entorno, como la radiación UV (que degrada las capas inferiores), la abrasión y los derrames químicos.

9.1.5. Inspección y Control de Calidad

Durante todo el proceso, se realizan inspecciones para controlar la limpieza, el perfil de anclaje, las condiciones ambientales (humedad y temperatura) de aplicación y el espesor de película seca (EPS) de cada capa. En sistemas de alto rendimiento, también se puede realizar una prueba de *holiday* (detección de poros) para asegurar la continuidad de la película de pintura.

Capítulo 10

Instalación de Bridas Welding Neck

10.1. Objetivo y Alcance General

El objetivo de este capítulo es establecer los rendimientos para el montaje de bridas del tipo Welding Neck.

Los valores presentados en la tabla de este capítulo aplican a bridas de acero al carbono (ASTM A105) instaladas en plantas o instalaciones en superficie.

Tabla 10.1: Horas-hombre para instalación de bridas Welding Neck, según NPS y clase de presión

NPS	150#		300#		600#		900#		1500#		2500#	
	kg	Hs-h	kg	Hs-h	kg	Hs-h	kg	Hs-h	kg	Hs-h	kg	Hs-h
1/2"	0,91	1,30	0,91	1,40	1,40	1,60	3,18	1,70	3,20	1,80	3,70	2,00
3/4"	0,91	1,40	1,36	1,50	1,80	1,60	3,18	1,80	3,30	1,90	4,10	2,20
1"	1,15	1,50	1,80	1,70	2,30	1,70	3,86	1,90	3,90	2,20	5,90	2,40
1 1/2"	1,82	1,80	3,20	2,00	4,50	2,10	6,35	2,30	6,60	2,80	12,70	3,50
2"	2,72	2,20	3,60	2,40	5,40	2,60	10,89	2,80	10,90	3,40	19,00	4,20
2 1/2"	4,54	2,50	5,40	2,90	8,20	3,30	14,50	3,40	16,30	4,50	23,60	5,00
3"	5,22	3,10	7,30	3,40	10,40	3,80	16,30	4,30	21,80	5,20	42,70	6,00
4"	7,26	3,60	11,30	3,90	19,10	4,60	23,13	5,10	31,30	6,30	66,30	8,00
6"	10,90	4,70	20,40	5,40	36,70	6,20	50,00	7,00	74,40	9,00	171,00	13,00
8"	19,10	6,00	31,80	7,00	53,10	8,20	85,00	9,20	123,90	12,50	261,00	20,00
10"	25,00	7,40	44,90	9,20	85,70	10,30	121,60	12,10	206,00	16,50	485,00	30,00
12"	38,60	8,80	64,40	11,00	102,50	12,60	168,70	14,50	313,00	23,00	729,00	40,00
14"	51,70	10,50	84,40	13,00	157,40	14,50	255,00	16,70	–	–	–	–
16"	64,40	12,20	111,60	14,00	218,20	17,00	310,70	18,50	–	–	–	–
18"	70,30	14,00	138,40	16,50	251,80	19,20	419,00	21,00	–	–	–	–
20"	77,10	16,00	171,50	18,50	313,00	23,00	528,00	24,50	–	–	–	–
24"	117,90	18,00	247,20	21,00	443,20	30,00	956,00	35,00	–	–	–	–

10.1.1. Correspondencia entre Clase de Brida y Espesor de Tubería

- Serie **150#** a **600#** para caños **STD**.
- Serie **900#** a **1500#** para caños **SCH 80**.
- Serie **2500#** para caños **SCH 160**.

10.1.2. Definiciones Clave

Manipulación: Comprende el ciclo completo de manejo del componente en obra: descarga, almacenamiento inicial en el obrador y el transporte posterior hasta el punto exacto de montaje.
Serie (Clase de Presión): Las bridas se clasifican en Clases de presión (comúnmente llamadas Series y designadas #).
Esta clasificación indica su capacidad para soportar distintas combinaciones de presión y temperatura.
Las clases estándar son 150, 300, 400, 600, 900, 1500 y 2500.
Cuanto mayor es la clase, más robusta es la brida.
La presión máxima de trabajo de una brida disminuye a medida que aumenta la temperatura de servicio.

10.1.3. Referencias y Normas

ASME B16.5: Cubre las especificaciones para bridas de tubería desde NPS 1/2 hasta 24 pulgadas.
ASME B16.47: Cubre las especificaciones para bridas de gran diámetro, desde NPS 26 hasta 60 pulgadas.
(Nota: Los pesos de las bridas utilizados en este manual han sido extraídos del catálogo del fabricante Tube-Turn).

10.1.4. Alcance de los Valores de la Tabla

Tareas Incluidas:

- Manipulación del componente.
- Montaje y alineación de la brida con la tubería.
- Soldadura de la unión a tope (butt-weld).
- Presentación de los pernos y la junta (sin apretar).

Conceptos Explícitamente Excluidos:

- ajuste o tensado final de los pernos.
- Fabricación e instalación de soportes.
- Trabajos de limpieza y pintura.
- Aplicación de aislamiento térmico.

10.2. Generalidades del Sistema Junta-Brida-Perno

La causa más común de fugas en juntas bridadas es un procedimiento de instalación inadecuado.

Inspección visual antes del montaje

10.3. Recomendaciones de Inspección

- Inspeccione la superficie de asiento de la brida para detectar defectos como rebabas, daños, corrosión, etc. a fin de tomar medidas correctivas.
- Los defectos que atraviesan en forma radial el espejo de la brida, son especialmente preocupantes. Notifique cualquier imperfección cuestionable para que se le dé el tratamiento adecuado.
- Limpie las superficies de asiento, con cepillos suaves, para la limpieza a fin de evitar el daño del acabado de la superficie existente.
- Se debe cepillar siempre en la dirección de las ranuras (no de manera perpendicular a ellas) a fin de minimizar su desgaste.

10.4. Tolerancias ASME PPC-1

La alineación correcta de todos los componentes de la junta bridada asegura el máximo contacto de la superficie de asiento y una carga uniforme sobre la junta, mejorando así la eficacia de todos los métodos de apriete de los sujetadores.

10.4.1. Paralelismo

El paralelismo entre bridas se define como la alineación de las bridas de los caños o recipientes de manera que haya distancias iguales entre las caras de las bridas en todos los puntos de la circunferencia de la junta.

La verificación del paralelismo se realiza midiendo la separación mínima y máxima entre las caras de las bridas, comparando ambos valores para detectar posibles desviaciones.
Una práctica aceptable es una desviación no mayor a 0,8 mm (1/32 in). (ver figura).

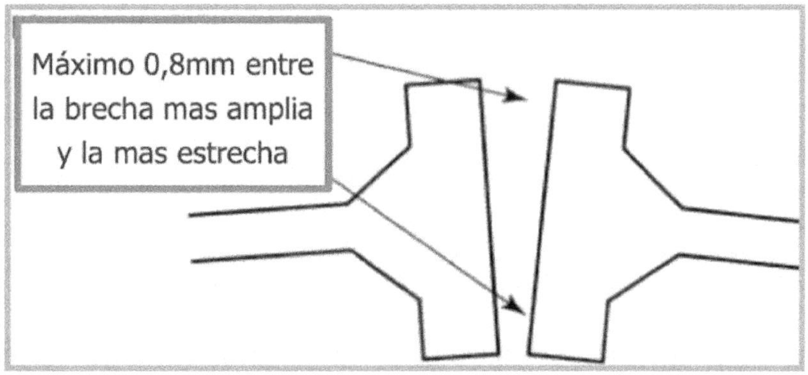

Figura 10.1: Tolerancia de Paralelismo entre Bridas.

10.4.2. Rotación

La rotación se define como la diferencia de altura entre los orificios para pernos ubicados en lados opuestos respecto a la línea central de la brida. Esta diferencia se mide utilizando un nivel o un calibre de altura, tomando como referencia una superficie plana y fija (ver figura).

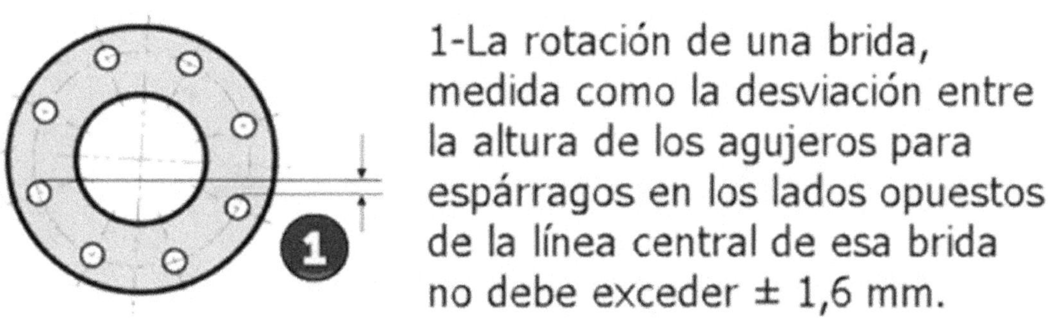

Figura 10.2: Tolerancia de Rotación.

10.4.3. Brecha

Espacio o separación excesiva entre la brida y su contrabrida.

- Debe verificarse que, aun cumpliendo las desviaciones máximas permitidas en paralelismo y rotación, la separación entre las bridas en reposo no exceda el doble del espesor de la junta.
- Cuando la separación entre bridas sea excesiva, la fuerza aplicada para acercarlas no debe exceder el 10 %, del par máximo requerido para el apriete correcto de la junta.

10.5. Directrices para la alineación de bridas

1. Las condiciones fuera de tolerancia deben corregirse antes de instalar la junta para evitar dañarla. Solo se permiten ajustes mínimos o razonables después de instalar la junta.

2. Cuando la alineación requiera más fuerza de la que puede ejercerse con la mano o con las herramientas de alineación común, como las llaves con espiga y los pasadores de alineación, consulte a un ingeniero.

3. Una alineación adecuada hará que los pernos pasen a través de las bridas en ángulo recto y que las tuercas descansen planas contra las bridas antes de apretarlas.

4. Antes de utilizar gatos u otros dispositivos, es conveniente realizar un análisis de tensión de la tubería, especialmente si es antigua o se sospecha que las paredes se han adelgazado por el uso.

5. Si las bridas que necesitan ser alineadas están conectadas a bombas o equipos rotativos, se debe tener mucho cuidado para evitar introducir esfuerzo inadmisible en la carcasa del equipo o en sus rodamientos.

6. La mejor práctica para reparar un componente desalineado es retirarlo y volver a instalarlo en la posición correcta.

Capítulo 11

Instalación de Bridas Slip-On

11.1. Objetivo y Alcance General

Este capítulo tiene por objeto detallar los rendimientos en horas-hombre necesarios para el montaje de bridas Slip-On (deslizantes).

Los valores presentados en la Tabla 11.1 corresponden a bridas de acero al carbono (ASTM A105) instaladas en plantas a nivel de suelo.

Tabla 11.1: Horas-hombre para instalación de bridas Slip-On, según NPS y clase de presión

NPS	150#		300#		600#		900#		1500#		2500#	
	kg	Hs-h	kg	Hs-h	kg	Hs-h	kg	Hs-h	kg	Hs-h	kg	Hs-h
1/2"	0,45	1,00	0,68	1,10	0,91	1,30	2,72	1,40	–	–	3,18	1,60
3/4"	0,68	1,10	1,13	1,20	1,36	1,30	2,72	1,44	–	–	4,03	1,80
1"	0,91	1,20	1,36	1,40	1,59	1,40	3,40	1,50	–	–	5,44	1,90
1 1/2"	1,36	1,40	2,95	1,60	2,95	1,70	6,35	1,80	–	–	11,34	2,80
2"	2,27	1,80	3,18	1,90	3,63	2,10	11,34	2,20	–	–	17,24	3,40
2 1/2"	3,63	2,00	4,54	2,30	5,44	2,60	16,33	2,50	–	–	24,95	4,00
3"	4,08	2,50	5,90	2,70	6,80	3,00	14,06	3,40	21,77	4,20	37,65	4,80
4"	5,44	2,90	9,55	3,10	14,97	3,70	24,04	4,10	33,11	5,10	57,61	6,40
6"	8,17	3,80	15,88	4,30	36,28	5,00	49,00	5,60	74,39	7,20	147	10,00
8"	12,70	4,80	24,49	5,60	44,00	6,60	78,02	7,40	117	10,00	220	16,00
10"	16,78	5,90	34,93	7,40	80,29	8,20	111	9,70	198	13,00	420	24,00
12"	27,22	7,00	49,90	8,80	97,52	10,00	148	12,00	303	18,00	590	32,00
14"	34,93	8,40	74,39	10,00	117	12,00	172	13,00	–	–	–	–
16"	42,19	9,80	99,79	11,00	166	14,00	208	15,00	–	–	–	–
18"	54,43	11,20	127	13,20	216	15,36	293	16,80	–	–	–	–
20"	70,31	13,00	147	15,0	278	18,00	359	20,00	–	–	–	–
24"	95,26	14,00	222	17,00	397	24,00	671	28,00	–	–	–	–

11.1.1. Correspondencia entre Clase de Brida y Espesor de Tubería

La correspondencia entre la clase de presión de la brida y el espesor (schedule) de la tubería es la siguiente:

- Serie **150#** a **600#** para caños **STD**.
- Serie **900#** a **1500#** para caños **SCH 80**.
- Serie **2500#** para caños **SCH 160**.

11.1.2. Definiciones

Manipulación: Comprende el ciclo completo de manejo del componente en obra: descarga, almacenamiento inicial en el obrador y el transporte posterior hasta el punto exacto de montaje. **Serie ó Clase de Presión:** Las bridas se clasifican en Clases de presión (comúnmente llamadas Series y designadas #).

Esta clasificación indica su capacidad para soportar distintas combinaciones de presión y temperatura.
Las clases estándar son 150, 300, 400, 600, 900, 1500 y 2500.
Cuanto mayor es la clase, más robusta es la brida.

11.1.3. Alcance de los Valores de la Tabla

Tareas Incluidas:

- Manipulación, montaje y alineación de la brida con la tubería.
- Ejecución de las dos soldaduras de filete (interior y exterior).
- Presentación de los pernos y la junta (sin apretar).

Conceptos Explícitamente Excluidos:

- Ajuste o tensado final de los pernos.
- Fabricación e instalación de soportes.
- Trabajos de limpieza y pintura.
- Aplicación de aislamiento térmico.

Capítulo 12

Consumibles en Soldadura

12.1. Estimación de Recursos para Soldadura SMAW

Para facilitar la planificación y estimación de costos, la siguiente tabla presenta los recursos necesarios para uniones soldadas a tope (*butt weld*) en tuberías de acero al carbono. Los datos se basan en el proceso SMAW y consideran una eficiencia de depósito del 55 %.

Tabla 12.1: Consumo de Electrodos y Hs-h para Uniones a Tope (Proceso SMAW)

NPS	**SCH 10**		**SCH 20**		**SCH 30**		**SCH 40**		**SCH 60**		**SCH 80**		**SCH 160**	
	gr	Hs-h	gr	Hs-h	gr	Hs-h	gr	Hs-h	gr	Hs-h	gr	Hs-h	gr	Hs-h
2"	-	-	-	-	-	-	180	1,50	-	-	260	1,70	400	2,00
2 1/2"	-	-	-	-	-	-	210	1,80	-	-	300	2,10	480	2,50
3"	-	-	-	-	-	-	280	2,00	-	-	380	2,50	550	3,00
4"	-	-	-	-	-	-	360	2,50	-	-	550	3,00	700	4,00
6"	-	-	-	-	-	-	520	3,50	-	-	900	4,50	1400	6,50
8"	-	-	430	4,00	500	4,50	700	4,50	-	-	1200	6,20	2400	10,50
10"	-	-	540	4,50	680	5,00	850	5,80	-	-	1500	8,50	2800	16,00
12"	-	-	650	5,00	850	6,00	1300	7,00	-	-	2250	11,50	4200	22,50
16"	840	5,80	1120	7,00	1460	8,00	2350	10,50	-	-	-	-	-	-
18"	940	6,40	1380	8,20	2000	10,00	-	-	-	-	-	-	-	-
20"	1050	6,80	1800	9,50	2350	13,00	-	-	-	-	-	-	-	-
22"	1180	7,20	2050	10,50	-	-	-	-	-	-	-	-	-	-
24"	1300	8,00	2250	11,50	-	-	-	-	-	-	-	-	-	-
30"	2750	10,00	3700	14,00	-	-	-	-	-	-	-	-	-	-
32"	-	-	-	-	-	-	-	-	-	-	-	-	-	-
36"	-	-	-	-	-	-	-	-	-	-	-	-	-	-

12.1.1. Consideraciones

Esta tabla es una herramienta clave para la ingeniería de costos y planificación de proyectos de tuberías piping, ya que permite una estimación precisa de los recursos. Sus parámetros se definen a continuación:

NPS (Nominal Pipe Size): Diámetro nominal de la tubería.

SCH (Schedule): Espesor de la pared de la tubería. Un valor SCH superior implica una pared más gruesa y, por tanto, un mayor consumo de recursos.

gr (Gramos por unión): Peso del material de aporte (electrodos) requerido por soldadura, dato esencial para la gestión de materiales.

h-h (Horas-hombre por junta): Tiempo estimado de trabajo por unión, utilizado para calcular el costo de la mano de obra y definir el cronograma del proyecto.

12.1.2. Consumibles de soldadura por proceso para 100 kg de metal depositado

La siguiente tabla presenta los consumibles empleados en distintos procesos de soldadura para obtener una deposición equivalente a 100 kg de metal.

Tabla 12.2: Consumibles por cada 100 kg de metal depositado

Proceso	Consumibles/ 100 kg metal depositado		
	Electrodo (kg)	**Fundente (kg)**	**Gas (m^3)**
Electrodo manual celulósico	155	-	-
Electrodo manual rutílico	145-170	-	-
Electrodo manual bajo hidrógeno	160-170	-	-
MIG (cortocircuito)	110	-	17-42
MIG (spray)	108	-	7-11
Tubular con protección	122	-	4-20
Tubular sin protección	126	-	-
Arco sumergido	102	85-100	-

Capítulo 13

Rendimientos en Limpieza y Pintura de Estructuras

13.1. Fases y Tareas para el Tratamiento de Perfiles o Estructuras Metálicas en Obra

1. **Descarga y Acopio Inicial:** Recepción y descarga segura de la estructura con grúas o montacargas. Los materiales se organizan en un área designada, contrastando con el remito o plano.

2. **Traslado al Sector de Trabajo:** Movimiento interno de los perfiles desde la zona de acopio hasta el área de tratamiento, utilizando grúas y carretillas.

3. **Protección y Aislamiento de la Zona:** Se aísla el área de trabajo para contener el polvo y la niebla de pintura, lo cual protege al personal y a los equipos cercanos.

4. **Preparación de Equipos:** Se prepara la maquinaria para cada fase. En el arenado, se conectan compresores y tolvas. Para la pintura, se alistan los equipos y se mezcla el producto según especificaciones.

5. **Manipulación y Posicionamiento de Perfiles:** Colocación y rotación de los materiales sobre caballetes para exponer todas sus superficies al tratamiento.

6. **Arenado (Preparación de Superficie):** Proyección de un abrasivo a alta presión para eliminar óxido y así lograr el grado de limpieza y el perfil de anclaje necesarios para la adherencia de la pintura.

7. **Pintura de Refuerzo (Stripe Coat):** Aplicación obligatoria con brocha de una capa de pintura en bordes, esquinas y vértices para asegurar la protección en estas zonas vulnerables.

8. **Aplicación de Capas de Pintura:** Pulverización uniforme de las capas de imprimación y acabado hasta alcanzar el Espesor de Película Seca (EPS) especificado, lo que garantiza una protección anticorrosiva completa.

9. **Control de Calidad e Inspección:** Verificación final del tratamiento, incluyendo la medición de espesores y la revisión visual para detectar posibles defectos.

13.2. Coeficientes para la Estimación de Arenado y Pintura en Estructuras

Para calcular el área total a pintar en estructuras de soporte, se pueden utilizar los siguientes coeficientes estándar que relacionan la superficie (m^2) con el peso (toneladas):

- Estructuras Pesadas: 25 m^2/tonelada
- Estructuras Livianas: 35 m^2/tonelada

13.3. Bases y Alcance de los Rendimientos

Los valores de horas-hombre presentados en la siguiente tabla corresponden a un esquema de pintura diseñado para un nivel de corrosividad ambiental C3 (Medio), según la norma ISO 12944.

13.3.1. Horas-hombre por Tonelada

Tabla 13.1: Rendimientos para limpieza y pintura de estructuras

Tipo de estructura	m^2/tn	Hs-h/tn
Estructura pesada	25	38
Estructura liviana	35	70

Capítulo 14

Ejemplo Práctico 1: Montaje de un Tramo de Tubería

14.1. Descripción del Escenario y Metodología

En este capítulo se desglosa un caso de estudio integral para el cálculo de mano de obra directa, enfocándose en las siguientes características clave que definen su complejidad y relevancia práctica:

- **Objetivo Práctico:** Ilustrar de manera detallada la metodología de estimación en un proyecto realista de sustitución de una línea de tubería, proporcionando un modelo de cálculo robusto y aplicable a situaciones industriales similares.
- **Entorno Desafiante (*Brownfield*):** Todas las actividades se desarrollan dentro de una planta industrial en pleno funcionamiento. Esto introduce complejidades operativas y de seguridad que no existen en obras nuevas y que sirven como un excelente ejemplo de análisis de riesgo y planificación.
- **Foco en Factores de Corrección:** Se analiza cómo las restricciones del sitio (permisos, sistemas de bloqueo LOTO, interferencias) impactan la productividad. Dominar la cuantificación de estas variables es fundamental para que la estimación sea precisa, evitando desviaciones en costos y plazos.
- **Condición Favorable de Contraste:** La obra se ejecuta en un área techada con piso de hormigón y a nivel del suelo. Esta condición simplifica la logística y elimina el impacto del clima, permitiendo aislar y analizar con mayor claridad otras variables de productividad.

14.1.1. Proceso de Estimación

El cálculo se realizará en dos etapas:

- **Cálculo Base:** En primer lugar, se procederá a determinar las Horas Estándar de Tabla (HET), las cuales representan el valor de referencia inicial para la estimación de la mano de obra directa.

  Estas horas provienen directamente de las tablas incluidas en este manual, desarrolladas a partir de datos reales de obra recopilados y aplicados por el Autor a lo largo de su trayectoria profesional, lo que garantiza su respaldo práctico y su pertinencia en entornos constructivos reales.

- **Ajuste por Condiciones Reales:** Posteriormente, el valor de HET será modificado mediante la aplicación de los factores de ajuste detallados en el Capítulo 3.

  Este proceso tiene como objetivo adaptar la estimación a las condiciones específicas del proyecto, tales como la ejecución de trabajos en una planta industrial activa, con sus limitaciones y riesgos asociados.

El tramo a analizar es el comprendido entre los puntos de soldadura 1 a 10, como se muestra en la figura que sigue.

Figura 14.1: Cañería a reemplazar.

14.1.2. Lista de Materiales (Según Tabla 14.1)

Tabla 14.1: Lista de Materiales para Tramo de Tubería

Ítem	Cantidad	Descripción	Material y Especificación
1	0.80 m	Tubería NPS 4"	Acero al carbono, SCH 40, ASTM A53
2	3	Codo 90°, Radio Largo (RL)	Acero al carbono, ASTM A234 Gr. B, SCH 40
3	2	Brida Slip-On, NPS 4"	Acero al carbono, Clase 150, ASTM A105
4	1	Válvula Esclusa, bridada, NPS 4"	Clase 150

14.2. Fase 1: Cálculo de Horas Estándar Tabuladas (HET)

En esta fase, se calculan las horas base utilizando los valores de las tablas del manual, asumiendo condiciones estándar.

14.2.1. Paso 1: Cálculo del Peso de la Tubería

Utilizando la lista de materiales, y las tablas de referencia técnica, se calcula el peso del tramo tal como se indica en la Tabla 14.2.

Tabla 14.2: Cálculo de Peso de Materiales

NPS	Material	Peso unitario	Cantidad	Peso total por ítem	Tabla de referencia
4"	Codo LR 90° SCH 40	3.86	3.00	11.58	4.1
4"	Caño A53 SCH 40	16.06	0.80	12.85	3.1
4"	Brida SO S150#	5.44	2.00	10.90	11.1
4"	Válvula Esclusa S150#	64.00	1.00	64.00	8.1
			Peso total en kg	99.33	

14.2.2. Paso 2: Cálculo de horas-hombre para soportes (Fabricación y Montaje)

Cálculo de longitud equivalente: Se obtiene a partir del peso total del tramo dividido por el Peso unitario del caño representativo, en este caso un caño NPS de 4 pulgadas SCH 40. o sea:

$$\frac{99,33\ \text{kg}}{16,06\ \text{kg/m}} = 6,19\ \text{m}$$

Tabla 14.3: Cálculo de Horas-Hombre para Soportes de Tubería NPS 4"

NPS	Longitud equiv. (A)	Peso de soportes	Hs-h de fabricación y montaje por metro de caño (B)	Hs-h totales (A*B)	Tabla de ref.
4"	6,19	2,00	1,17	7,24	9.1

Cálculo de horas-hombre: Utilizando la Tabla con la longitud equivalente de 6,19 m, se obtienen las horas para soportes.

Resultado: El total de horas para soportes es $6,19 \times 1,17 = 7,24$ Hs-h.

14.2.3. Paso 3: Estimación de horas-hombre para limpieza y pintura de tuberías

Longitud equivalente a pintar es igual a la longitud del caño más un metro por cada accesorio.

Cálculo de la longitud a pintar:

$$0,80\,\text{m (recto)} + (6\,\text{uds} \times 1\,\text{m/ud}) = 6,80\,\text{m}$$

(Nota: Se suman 3 codos, 2 bridas y 1 válvula = 6 unidades)

14.2.4. Cálculo del área total a pintar:

$$6,80\,\text{m} \times 0,36\,\text{m}^2/\text{m (de tabla para NPS 4")} = 2,45\,\text{m}^2$$

Tabla 14.4: Resumen de Horas-Hombre para Arenado y Pintura

Actividad	Hs hombre por m^2	Superficie a tratar	Total por ítem	Tabla de referencia
Arenado	1,50	2,45	3,68	N/A
Pintura y repaso	2,20	2,45	5,39	N/A
Total Hs. Hombre por arenado y pintura			9,07	

Cálculo de horas-hombre: Se aplica un ratio de Hs-h/m² para lotes pequeños.

Resultado: El total de horas para pintura de tuberías es 9,07 Hs-h.

14.2.5. Paso 4: Cálculo de horas-hombre para limpieza y pintura de soportes

Cálculo del peso de los soportes:

$$6,19\,\text{m (long. equiv.)} \times 2\,\text{kg/m (de tabla)} = 12,38\,\text{kg}$$

Cálculo del área a pintar:

$$0,01238\,\text{Ton} \times 35\,\text{m}^2/\text{Ton (ratio estructuras livianas)} = 0,43\,\text{m}^2$$

Cálculo de horas-hombre: Se aplica el mismo ratio de Hs-h/m² para lotes pequeños que en el paso anterior. **Resultado:** El total de horas para pintura de soportes es 1,60 Hs-h.

Tabla 14.5: Cálculo de Horas-Hombre para Limpieza y Pintura de Soportes

Actividad	Kgs de soporte (A)	Área por Tn m² * Tn (B)	Superficie por ítem A*B=C	Hs-h/m² (D)	Total por ítem C*D=E	Tabla de referencia
Arenado	12,38	35,00	0,43	1,50	0,65	N/A
Pintura	12,38	35,00	0,43	2,20	0,95	N/A
			Total horas hombre		1,60	

14.2.6. Paso 5: Cálculo de HET para Montaje y Soldadura (Opción 1: Sin Prefabricado)

Se suman las horas-hombre de cada componente (uniones, accesorios, etc.) según los valores indicados en las tablas de referencia de la Tabla 14.6.

Tabla 14.6: Cálculo de Horas-Hombre para Montaje y Soldadura sin Prefabricado

NPS	**Item**	**Cantidad**	**Hs-h**	**Total Hs-h**	**Tabla de referencia**
4"	Codo 90° RL	3,00	5,00	15,00	4.1
4"	Niple para soldar	2,00	Incluído en accesorios	N/A	
4"	Válvula esclusa S150#	1,00	2,00	2,00	8.1
4"	Brida SO S150#	2,00	2,90	5,80	11.1
			Total Hs-h	22,80	

Resultado: El total de HET para montaje en sitio es 22,80 Hs-h.

14.2.7. Paso 6: Cálculo de Hs-h con Prefabricado en Taller

En este escenario, el trabajo en campo se minimiza drásticamente, limitándose únicamente a las dos uniones de montaje final que son indispensables para acoplar el sistema (soldaduras 1 y 10).

Las siete juntas restantes se ejecutan en un taller. En este entorno controlado, factores como la ergonomía óptima para los soldadores, la ausencia de interferencias climáticas y la disponibilidad inmediata de herramientas permiten alcanzar una productividad muy superior a la obtenida en obra. Por esta razón, se aplica una **reducción del 50 %** a las horas-hombre tabuladas para estas juntas prefabricadas.

Este enfoque híbrido reduce significativamente el consumo de mano de obra. La Tabla 14.7 desglosa el cálculo, combinando ambos tipos de uniones y arrojando un total de **16,55 Hs-h** para el montaje y soldadura.

Tabla 14.7: Cálculo de HET con Prefabricado

NPS	Item	Cantidad	Hs-h	Total Hs-h	Tabla de referencia
4"	Juntas prefabricadas	7,00	2,50/2=1,25	8,75	4.1
4"	Juntas de campo	2,00	2,90	5,80	
4"	Válvula, esclusa bridada S150#	1,00	2,00	2,00	8.1
			Total Hs-h	16,55	

14.2.8. Cuadro comparativo del total de Horas hombre requeridas por Tabla para las dos opciones de trabajo con/sin prefabricado.

Tabla 14.8: Resumen Comparativo de Horas-Hombre (HET)

Denominación	Hs-h para soldadura completa in situ	Hs-h con prefabricación
Montaje y soldadura del tramo	22,80	16,55
Soportes fabricación y montaje	7,24	7,24
Pintura del tramo	9,07	9,07
Pintura de soportes	1,60	1,06
Totales	40,71	34,46

14.2.9. Conclusión de la Fase 1: Resumen Comparativo HET

La estrategia de prefabricado demuestra su eficiencia con un ahorro neto de **6,25 horas-hombre** en condiciones estándar. Esta cifra, que surge de la diferencia entre el montaje íntegramente en sitio (40,71 Hs-h) y el enfoque con prefabricado (34,46 Hs-h), equivale a una reducción de más del 15 % en la mano de obra directa.

14.3. Fase 2: Aplicación de los Factores de Ajuste

Ahora, las HET se corrigen para ajustarlas a las condiciones reales del proyecto.

14.3.1. Corrección A: Análisis de Variables del Proyecto

Se analizan las 6 variables principales para determinar si el rendimiento será igual, inferior o superior al estándar.

Variable 1: Experiencia del Contratista

Evaluación La capacidad técnica y la trayectoria del equipo son determinantes. Un equipo con amplia experiencia puede mantener un rendimiento estándar, mientras que uno novel requerirá un factor de corrección negativo. En este caso, se asume que la empresa instaladora está plenamente familiarizada con la tarea.

Factor Asignado 1,00 (Rendimiento Estándar).

Variable 2: Calidad de la Información

Evaluación La precisión de la ingeniería es fundamental. Planos y especificaciones claros minimizan retrabajos. La falta de claridad, por el contrario, exige incrementar las horas presupuestadas. Para esta tarea simple, se asume información de calidad óptima.

Factor Asignado 1,00 (Rendimiento Estándar).

Variable 3: Entorno Laboral y Sindical

Evaluación Un ambiente laboral estable permite un flujo de trabajo continuo. En proyectos pequeños, la incidencia sindical suele ser mínima. En obras de gran envergadura, podría ralentizar el progreso.

Factor Asignado 1,00 (Rendimiento Estándar).

Variable 4: Condiciones del Sitio y Accesos

Evaluación Un área de trabajo cubierta, con piso nivelado y accesos libres, favorece un rendimiento óptimo. Dificultades de acceso o terrenos irregulares obligarían a considerar un factor correctivo.

Factor Asignado 1,00 (Rendimiento Estándar).

Variable 5: Condiciones Climáticas

Evaluación El clima es un factor de gran impacto en trabajos al aire libre. En este caso, el trabajo se realiza en un espacio cerrado, sin incidencia climática.

Factor Asignado 1,00 (Rendimiento Estándar).

Variable 6: Trabajos en Altura

Evaluación El trabajo en altura implica mayores riesgos y menor productividad. Para este proyecto, las tareas se ejecutan a nivel de piso, bajo condiciones estándar.

Factor Asignado 1,00 (Rendimiento Estándar).

Conclusión de la Corrección A: El factor de ajuste combinado por variables es 1,00. No se modifica el consumo de horas por estos conceptos.

Corrección B: Emplazamiento

Factor de Localización Geográfica

No aplica. El proyecto se ejecuta en un entorno urbano/industrial estándar con accesibilidad normal, por lo que no requiere ajustes por condiciones geográficas extremas (remotidad, alta montaña, climas polares, selva o desierto).

Corrección por Congestión y Accesos Restringidos (Brownfield)

Evaluación del factor: Este ajuste se aplica a intervenciones dentro de plantas industriales en operación (*brownfield*) para cuantificar la pérdida de productividad derivada de las interferencias operativas. Las causas principales incluyen la gestión de permisos (*PTW*, *LOTO*), la logística restringida, la coordinación de operaciones simultáneas (*SIMOPS*) y el uso de EPP especializado. Para este caso, si bien la magnitud de este factor puede parecer un detalle menor en el cálculo global, la correcta aplicación de este factor en todo proyecto es crítica para evitar desviaciones presupuestarias en entornos operativos.
Factor Asignado: Se aplica un **+5 %** (multiplicador $1.05\times$) al total de horas-hombre base.

14.3.2. Corrección C: Material y Requisitos de WPS

Evaluación Los materiales del tramo son de calidades similares a los usados para el registro de datos de las tablas.

Factor Asignado 1,00 (Sin cambio).

14.4. Fase 3: Cálculo Final de Horas Estimadas

Se aplica el único factor de corrección relevante (+5 %) a los totales HET de ambas opciones.

Tabla 14.9: Cálculo Final de Horas-Hombre con Factores de Ajuste

Denominación	**Hs-h para soldadura completa in situ**	**Hs-h con prefabricación**
Horas requeridas por tabla	40,71	34,36
Adicional por localización de la obra 5 %	2,04	1,72
Totales	42,75	36,18

Capítulo 15

Ejemplo N.º 2 - Mano de Obra en Instalaciones de Piping

15.1. Descripción del Proyecto

Este caso práctico tiene como objetivo estimar el consumo de horas-hombre (Hs-h) requeridas para ejecutar una modificación en una planta industrial. El proyecto consiste en la instalación de una nueva bomba centrífuga con sus cañerías de succión y descarga, que la conectarán a dos colectores existentes de 6 pulgadas de diámetro.

Figura 15.1: Cañería de succión: desde el colector existente hasta la bomba.

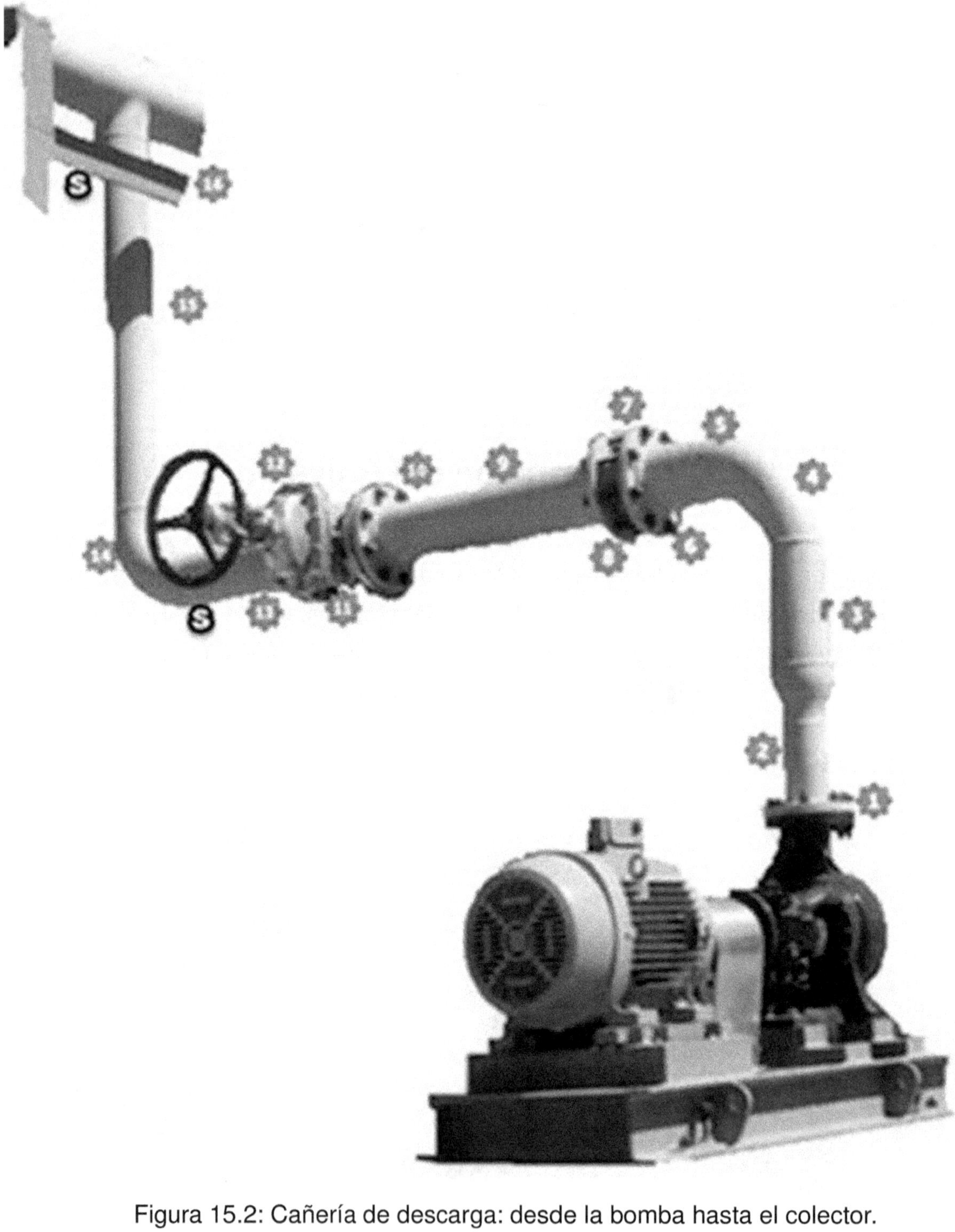

Figura 15.2: Cañería de descarga: desde la bomba hasta el colector.

15.2. Alcance de los Trabajos del Contratista

La presente estimación de horas-hombre detalla con precisión el alcance de los trabajos de piping que serán ejecutados por el contratista, estableciendo un marco claro para evitar desviaciones. La estimación cubre exclusivamente las siguientes tareas:

- **Ejecución de *Tie-ins*:** La realización de dos puntos de conexión críticos (*Tie-ins*) en los colectores existentes. Esta operación implica el corte, la preparación de biseles y la soldadura de dos derivaciones con una te de reducción de 6 a 4 pulgadas, integrando así el nuevo circuito al sistema actual.
- **Montaje de Tuberías:** La instalación y el montaje completo de los nuevos tramos de tubería, lo que incluye los *spools* prefabricados de succión y descarga, su correcta alineación con las boquillas de la bomba y los puntos de conexión, y la soldadura final de todos sus componentes.
- **Exclusión Importante:** Como delimitación clave de responsabilidades, la estimación no incluye la mano de obra para el montaje mecánico de la bomba centrífuga en su bancada, ni su posterior anclaje y alineación láser, tareas que corresponden a otra especialidad.

15.3. Responsabilidades del Comitente

Ciertas tareas son responsabilidad exclusiva del Comitente, ya que involucran aspectos que el contratista no puede ni debe gestionar. Estas se fundamentan en tres pilares clave que garantizan la integridad de la operación:

- **Control Operativo:** Solo el Comitente posee la autoridad y el dominio integral para gestionar la planta. Esto incluye la potestad para detener y reiniciar líneas de producción, coordinar trabajos que puedan interferir con otras áreas y administrar los riesgos globales del sitio, asegurando la continuidad del negocio.
- **Seguridad del Personal y Procesos:** Es el garante final de la seguridad, conociendo a fondo los peligros inherentes a sus procesos (químicos, presiones, temperaturas). Su responsabilidad es establecer un perímetro de trabajo seguro y proteger la integridad de todo el personal, tanto propio como externo.
- **Conocimiento del Sistema:** Tiene un conocimiento profundo de los procesos existentes y sus interdependencias, lo que le permite prever las consecuencias de cada intervención. Delegar esta supervisión a un contratista, enfocado solo en la ejecución, representaría un riesgo inaceptable para los activos.

15.3.1. Lista de Materiales de los Tramos de Succión y Descarga

Tabla 15.1: Listado de Materiales del Tramo de Succión

Descripción	Cantidad
Reducción excéntrica de 4"x3"	1,00
Te con reducción de 6"x4"	1,00
Brida NPS 4"Slip On S150#	2,00
Brida NPS 3"Slip On S150#	1,00
Válvula esclusa NPS 4"S150#	1,00
Filtro NPS 4"Serie 150#	1,00
Curva NPS 4"	1,00
Caño 4"NPS	1,50

Tabla 15.2: Listado de Materiales del Tramo de Descarga

Descripción	Cantidad
Caño diámetro 4.^53 SCH 40	2,50
Codo 90° RL NPS 4"	2,00
Brida NPS 4"Slip On S150#	4,00
Brida NPS 2 1/2"Slip On S150#	1,00
Válvula esclusa NPS 4"S150#	1,00
Válvula retención NPS 4"S150#	1,00
Reducción concéntrica 4"x 2 1/2"	1,00
Caño NPS 2 1/2"	0,40
Te con reducción de 6"x4"	1,00

15.4. Parte 1: Cálculo de las Horas Estándard Tabuladas(HET)

15.4.1. Paso 1: Cálculo del Peso del Sistema de Tuberías

El primer paso es calcular el peso total de los componentes. Para ello, se utilizan la lista de materiales y las tablas de referencia técnica, obteniendo el peso de los tramos de succión y descarga que se desglosa en la Tabla 15.3.

Tabla 15.3: Listado y Peso de Materiales para este Proyecto

NPS	Material	Peso unit. (kg)	Cant.	Total (kg)	Tabla Ref.
4"	Codo LR 90° SCH 40	3,86	3,00	11,58	4.1
4"	Caño A 53 SCH 40	16,06	4,00	64,24	3.1
3"	Caño A 53 SCH 40	11,30	0,50	5,65	3.1
2 1/2"	Caño A 53 SCH 40	8,50	0,50	4,25	3.1
4"	Brida SO S150#	5,44	6,00	32,64	11.1
3"	Brida SO S150#	4,08	1,00	4,08	11.1
2 1/2"	Brida SO S150#	3,63	1,00	3,63	11.1
4"	Válvula esclusa S150#	64,00	2,00	128,00	8.1
4"	Filtro Y	40,00	1,00	40,00	–
6"x4"	Te con reducción	15,00	2,00	30,00	–
4"x3"	Red, excéntrica	1,59	1,00	1,59	–
4"x2 1/2"	Red. concéntrica	1,43	1,00	1,43	–
		Peso total en kg		327,09	

Resultado: El peso total del sistema de tuberías es de **327,09 kg**.

15.4.2. Paso 2: Cálculo de Hs-h para Soportes (Prefabricación y Montaje)

Para poder utilizar los rendimientos estándar de la Tabla 8.1, que están expresados Hs-h/m, primero se convierte el peso total del sistema en una **longitud equivalente**.

Cálculo de Longitud Equivalente

Este valor se obtiene al dividir el peso total del sistema por el peso unitario de una cañería de referencia (en este caso, NPS 4" SCH 40), aplicando la siguiente fórmula:

$$\text{Longitud Equivalente} = \frac{327,09\,\text{kg}}{16,06\,\text{kg/m}} = \mathbf{20,37}\,\text{m}$$

15.4.3. Estimación de las Hs-h para Soportes

$$\text{Total Hs-h} = 20,37\,\text{m} \times 1,17\,\text{Hs-h/m} = \mathbf{23,83}\,\text{Hs-h}$$

15.4.4. Paso 3: Hs-h para Arenado y Pintura de Cañerías

Cálculo de la Superficie a Tratar

El primer paso es determinar la superficie total. Para ello, se establece una **longitud de cálculo** que suma los tramos rectos de tubería y un metro lineal adicional por cada accesorio, resultando en 23 metros para este caso.

El área total se obtiene al multiplicar esta longitud por el área unitaria de la cañería de referencia:

$$\text{Área Total} = \text{Longitud de Cálculo} \times \text{Área Unitaria}$$

$$23\,\text{m} \times 0,36\,\text{m}^2/\text{m} = \mathbf{8,28}\,\text{m}^2$$

Estimación de Horas-Hombre

Una vez calculada la superficie, se estiman las horas-hombre aplicando los rendimientos estándar para arenado y pintura. La Tabla 15.4 desglosa este cálculo, para el cual se utilizaron los mismos valores conservadores del ejemplo anterior.

Tabla 15.4: Estimación de Hs-h para Arenado y Pintura de Cañerías

Actividad	**Hs-h / m^2**	**Superficie (m^2)**	**Total (Hs-h)**
Arenado	1,50	8,28	12,42
Pintura y repaso	2,20	8,28	18,22
		Total Hs-h	**30,64**

15.4.5. Paso 4: Hs-h para Arenado y Pintura de Soportes

A diferencia de las tuberías, la superficie de los soportes se estima de forma indirecta a partir de su peso. El proceso consta de dos etapas.

Cálculo del Peso y la Superficie

Primero, se determina el peso total de los soportes multiplicando la longitud equivalente del sistema por el ratio correspondiente de la Tabla 8.1 (2 kg/m):

$$20,37\,\text{m} \times 2\,\text{kg/m} = 40,74\,\text{kg} \approx 41\,\text{kg}$$

A continuación, el peso se convierte a superficie utilizando el coeficiente estándar para estructuras livianas (35 m^2/tonelada):

$$0,041\,\text{ton} \times 35\,\text{m}^2/\text{ton} = 1,44\,\text{m}^2$$

Estimación de Horas-Hombre

Con la superficie ya calculada, se pueden estimar las horas-hombre necesarias para el tratamiento anticorrosivo, tal como se detalla en la tabla siguiente:

Tabla 15.5: Estimación de Hs-h para Arenado y Pintura de Soportes

Actividad	Superficie (m^2)	Hs-h / m^2	Total (Hs-h)
Arenado	1,44	1,50	2,16
Pintura	1,44	2,20	3,17
		Total Hs-h	**5,33**

15.5. Parte 2: Análisis de Escenarios de Ejecución

15.5.1. Caso A: Montaje y Soldadura Íntegramente en Obra

Este escenario representa el enfoque tradicional de ejecución, donde todos los componentes de la tubería (caños, codos, bridas) se trasladan al sitio para ser ensamblados y soldados en su posición final. Esta modalidad es altamente dependiente de las condiciones en campo, como el clima, la disponibilidad de accesos y la gestión de permisos de trabajo.

La productividad suele ser menor en comparación con la prefabricación en taller, ya que el equipo debe trabajar en un entorno menos controlado. A continuación, se calculan las horas-hombre requeridas para este caso, utilizando los rendimientos estándar para trabajos en sitio que se detallan en la Tabla 15.6.

Tabla 15.6: Cálculo de Hs-h para Montaje y Soldadura en Obra

NPS	Material	Cant.	Hs-h unit.	Total Hs-h	Ref.
4"	Codo 90° RL	3,00	5,00	15,00	4.1
4"	Válvula esclusa	2,00	2,00	4,00	8.1
4"	Filtro Y	1,00	2,00	2,00	–
4"	Brida SO S150#	6,00	2,90	17,40	11.1
3"	Brida SO S150#	1,00	2,48	2,48	11.1
2 1/2"	Brida SO S150#	1,00	2,00	2,00	11.1
6"x4"	Te con reducción	2,00	9,50	19,00	5.1
4"x3"	Reducción excéntrica	1,00	4,50	4,50	5.1
4"x2 1/2"	Reducción concéntrica	1,00	4,20	4,20	5.1
			Total Hs-h	**70,58**	

15.5.2. Análisis de Productividad en Obra

Para validar la estimación, se analiza la productividad diaria de una cuadrilla de montaje tipo, compuesta por **un soldador, un cañista y un ayudante**. Este equipo genera un total de 24 horas-hombre (Hs-h) por jornada de trabajo.

Considerando que el alcance total es de 99 pulgadas a soldar y que el montaje consume 64,58 Hs-h (excluyendo ítems de rápido montaje como válvulas y filtro), se puede calcular el rendimiento esperado de la cuadrilla.

15.5.3. Cálculo de Productividad Diaria

La fórmula relaciona el trabajo a realizar (pulgadas) con el esfuerzo requerido (Hs-h):

$$\text{Productividad} = \frac{\text{Pulgadas Totales} \times \text{Hs-h por Jornada}}{\text{Total Hs-h Consumidas}}$$

$$\text{Productividad} = \frac{99 \times 24\,\text{Hs-h/jornada}}{64{,}58\,\text{Hs-h}} = 36{,}80\,\text{pulgadas/jornada}$$

Este rendimiento de 36,80 pulgadas diarias es un valor realista y validado por la experiencia del autor en proyectos comparables, lo que confirma que la estimación de horas es adecuada para las condiciones de trabajo en obra.

15.5.4. Caso B: Montaje con Prefabricado en Taller

Este escenario analiza la estrategia de prefabricación, donde la mayoría de las uniones se sueldan en un taller. Este método reduce significativamente el tiempo de trabajo en campo gracias a las condiciones controladas, que mejoran la eficiencia, la calidad y la seguridad.

Para la estimación de horas-hombre, se asume una **reducción del 50 %** en el tiempo de ejecución para cada unión soldada en taller en comparación con su equivalente en obra. Por lo tanto, el trabajo en campo se minimiza, limitándose a las soldaduras indispensables para el montaje y la conexión final del sistema.

En este proyecto, las uniones que deben ejecutarse obligatoriamente en sitio son:

- La conexión de las dos Tes de 6 x 4 pulgadas a los colectores existentes.
- Las soldaduras finales de ajuste para acoplar los *spools* prefabricados.

La siguiente tabla desglosa el cálculo total de Hs-h para este escenario, combinando el costo reducido de las juntas prefabricadas con el de las uniones críticas ejecutadas en sitio.

Tabla 15.7: Cálculo de Horas-Hombre con Prefabricado en Taller

NPS	**Ítem**	**Cant.**	**Hs-h unit.**	**Total Hs-h**
4"	Juntas prefabricadas	12,00	(2,50/2) =1,25	15,00
3"	Juntas prefabricadas	2,00	(2,00/2) =1,00	2,00
2 1/2"	Juntas prefabricadas	2,00	(1,75/2) =0,88	1,76
4"	Juntas en campo	4,00	2,50	10,00
6"	Juntas en campo	4,00	3,50	14,00
4"	Montaje válvula esclusa	2,00	2,00	4,00
4"	Montaje filtro Y	1,00	2,00	2,00
			Total Hs-h	**48,76**

15.6. Parte 3: Comparativa Final de Escenarios

La prefabricación en taller (Caso B) ofrece ventajas sustanciales sobre el montaje tradicional en sitio (Caso A), aunque también introduce un riesgo crítico que debe ser gestionado. A continuación se detallan los pros y contras de la prefabricación:

- **Mayor Calidad y Precisión:** El entorno controlado de un taller permite un control dimensional estricto, soldaduras de mayor integridad y la ejecución eficiente de ensayos no destructivos (END). Esto minimiza la necesidad de costosas correcciones durante el montaje en campo.

- **Eficiencia y Reducción de Costos:** Se optimiza el uso de la mano de obra, se independiza la producción de las condiciones climáticas y se acelera el montaje final. Como resultado, se reducen los tiempos totales del proyecto y los costos indirectos asociados.

- **Seguridad y Limpieza:** La prefabricación promueve un ambiente de trabajo más seguro, ordenado y limpio, un factor clave en industrias altamente reguladas como la farmacéutica o la alimenticia.

Riesgo Crítico a Considerar. A pesar de sus beneficios, la prefabricación presenta un riesgo clave: los **errores dimensionales**. Una pieza mal fabricada en el taller, ya sea por una falla de ingeniería o de manufactura, puede generar una cadena de costosas correcciones en toda la línea, llegando a anular los ahorros obtenidos. Por ello, una ingeniería de detalle precisa y una comunicación fluida con el taller son fundamentales.

La Tabla 15.8, resume las horas-hombre.

Tabla 15.8: Resumen Comparativo de Horas-Hombre Totales

Denominación	**Caso A (En Obra)**	**Caso B (Prefabricado)**
Montaje y soldadura	70,58	48,76
Soportes (fab, y montaje)	23,83	23,83
Pintura del tramo	30,64	30,64
Pintura soportes	5,33	5,33
Total Hs-h (Base)	**130,38**	**108,56**

15.6.1. Ajuste de la Estimación: Factores de Corrección

Una vez obtenida la estimación base de horas-hombre, es crucial ajustarla según las condiciones específicas del proyecto. Estos **factores de corrección** cuantifican el impacto de variables que pueden afectar la productividad real de la mano de obra. A continuación, se analizan los factores clave para este caso.

15.6.2. A. Análisis de Variables Específicas del Proyecto

Se evalúa el impacto de diversas condiciones para determinar si se requiere un ajuste sobre la estimación base. Un factor de 1,00 indica que las condiciones son estándar y no afectan la productividad.

Tabla 15.9: Evaluación de Variables Específicas

Factor Analizado	Análisis del Caso	Factor
Experiencia del Equipo	La tarea es simple y rutinaria para un equipo con la calificación necesaria. No se prevén sobrecostos por falta de experiencia,	1,00
Calidad de la Ingeniería	Al ser una modificación menor, la documentación (planos y especificaciones) se considera precisa y completa.	1,00
Entorno Laboral y Sindical	El proyecto no presenta una exigencia severa. La influencia sindical para trabajos de esta magnitud es insignificante.	1,00
Condiciones del Sitio	El trabajo se realiza en una zona cubierta de la planta, con suelo de hormigón estable y de fácil acceso para personal y equipos.	1,00
Factores Climáticos	El área de trabajo es un interior cerrado, por lo que el equipo está protegido de cualquier condición climática adversa.	1,00
Altura de Trabajo	Las tareas se ejecutan a una altura estándar, sin que se prevean pérdidas de rendimiento asociadas a trabajos en altura.	1,00

Conclusión del Análisis A: Las condiciones del proyecto son estándar y no se prevén desviaciones. **El factor de corrección A es 1,00**.

B. Corrección por congestión y accesos restringidos (Brownfield)

Este factor cuantifica la diferencia de productividad entre una construcción en terreno virgen (*Greenfield*) y la intervención de una planta en operación (*Brownfield*). Realizar modificaciones o *tie-ins* en líneas y equipos en servicio impone restricciones de seguridad, tiempos muertos por permisos de trabajo y limitaciones logísticas que impactan directamente el rendimiento de la cuadrilla. **Corrección Aplicada:** Se aplicará un incremento del $10\,\%$ a las horas-hombre base. El factor de corrección B es **1.10** ($1.10\times$).

15.6.3. C. Factor de Corrección por Material y WPS

Este factor se aplica si los materiales difieren del acero al carbono estándar de las tablas. En este caso, los materiales especificados son de acero al carbono, por lo que no se requiere ajuste.

Corrección Aplicada: No se requiere corrección. **El factor de corrección C es 1,00.**

15.6.4. Cálculo de la Estimación Final Ajustada

Para obtener el presupuesto final de horas-hombre, se multiplica la estimación base por cada uno de los factores de corrección definidos (A, B y C):

$$\text{Factor Total} = A \times B \times C = 1,00 \times 1,10 \times 1,00 = \mathbf{1,10}$$

Los valores finales ajustados se indican en la tabla resumen.

Tabla 15.10: Estimación Final Ajustada de Horas-Hombre

Denominación	**Hs-h Caso A (Soldadura in situ)**	**Hs-h Caso B (Con prefabricado)**
Total de Hs-h (Base)	130,38	108,56
Adicional por emplazamiento (10 %)	13,04	10,86
Total Final Estimado	**143,42**	**119,42**

Abreviaturas y Unidades

HET = Horas estándar tabuladas.

Hs-h = Horas Hombre.

Hs-h/u = Horas hombre por unidad.

kg/m = kilogramos por metro.

gr/unión = gramos por junta.

mm = milímetro = 0,03937 pulgada.

m = metro = 3,281 pie.

Km = Kilómetro = 0,6214 millas.

m^2 = metro cuadrado = 10,764 pie^2.

m^3 = metro cúbico = 35,314 pie^3.

pie = pie lineal = 0,3048 metros.

l = Litro = 61,023 $pulg^3$ = 0,03531 pie^3 = 0,2642 u.s. gal.

kg = kilogramo = 2,2046 lb.

lb = libras = 0,4536 kg.

Ton = tonelada métrica = 1000 kg.

bar = 14.5 psi (lb/in^2).

NPS = diámetro nominal en pulgadas; DE = diámetro exterior; DI = diámetro interior.

t = espesor; V = volumen.

máx. = máximo; min. = mínimo.

KW = kilowatt = 1,341 caballos de fuerza; kW = kilowatt hora.

KVA = Kilo Volt Amper.

Kg/Hs-h = kilogramo por Horas hombre.

Hs-h/m = Horas hombre por metro.

k = factor de corrección.

XS = Extra Pesado.

XXS = Doble Extra Pesado.

Sobre el Autor

Figura 15.3: Foto del Autor.

¿Por qué confiar en este manual?

La fiabilidad de este manual se fundamenta en su origen: la experiencia real y probada en el campo. Su autor, **Gustavo Miguel Cinca**, Ingeniero Químico graduado con Diploma de Honor, ha dedicado su carrera a la ejecución de proyectos industriales complejos, liderando equipos desde la dirección de obra hasta la presidencia de una reconocida empresa de montajes. Su trayectoria abarca desde refinerías y plantas químicas hasta gasoductos, tanto en Argentina como a nivel internacional.

Las metodologías y tablas de rendimiento aquí presentadas no son un ejercicio académico; son las mismas herramientas que Gustavo desarrolló y utilizó para competir, presupuestar y adjudicarse licitaciones exitosamente.

Por ello, lo que tienes en tus manos es una guía eminentemente práctica y realista, forjada a través de décadas de experiencia directa en el terreno.

www.ingramcontent.com/pod-product-compliance
Lightning Source LLC
LaVergne TN
LVHW082047051026
849532LV00011B/3506
9786310106830